風蓮湖流域の再生

川がつなぐ里・海・人

長坂晶子

［編著］

北海道大学出版会

本書は公益財団法人日本生命財団の助成を得て刊行された

扉：
ヨシと森に囲まれる風蓮湖岸（長坂　有撮影）

はじめに

　本書はタイトルにも選んだように，そのものずばり「風蓮湖流域」で実施された調査研究をまとめたものである。「風蓮湖流域」とは，風蓮湖とそれに注ぐ流入河川群によって形成される集水域，という意味で，陸水から汽水域までを含む，1,000 km^2 を超える広大な地域を指している。一冊の本，しかも学術書を著すのに，北辺の一流域のみの話題で構成してもよいものだろうか，とも悩んだが，流域研究とはそもそも地域性をもったものであり，本書の執筆メンバーそれぞれが，いろいろな背景や思い入れをもって当流域に集結し研究を進めたことを考えると，地域事例でもよいのだという気がだんだんしてきて，タイトルにも「風蓮湖流域」を前面に出した。

　風蓮湖は北海道の東部，根室市と別海町にまたがり根室湾に面した海跡湖である。ラムサール条約登録湿地にもなっており，船で湖に漕ぎだしてみると，水際のヨシ原や泥炭の露出した湿地，その背後にはこんもりと広がる北国の落葉広葉樹林がただただ見えるだけで，湖岸には人工物がほとんどない。湖面に目をやると，場所によっては船の航行を阻むくらいアマモが茂っているのを見ることができる。東方に根室湾を望めば歯舞群島はもう目と鼻の先である。その風蓮湖に注ぎ込む集水域は，風蓮川を中心に4本の主要な流入河川を有し，根室市，別海町，浜中町，厚岸町にまたがる北海道有数の酪農地帯となっている。人口より遙かに多い乳牛がのどかに草を食む景色は，人々の営みが創り出した二次的な自然ではあるが，風蓮湖と同様，その雄大さはこの地域ならではの景観となっている。

　しかしこの大自然のなかにあって，風蓮湖流域は問題を抱えている。酪農業の進展によって牧草地が拡大し乳牛飼養頭数が増えると，それらのし尿流出などによって次第に河川の水質汚濁が顕在化してきたのである。流域の終末に浅い汽水湖を抱えるという地形上のセッティングは，陸域からの負荷が漁場環境の悪化に直結することを意味していた。風蓮川と風蓮湖が出会う河

口近くには，かつて二枚貝ヤマトシジミの漁場が形成されていたが，1990年頃を境に漁獲量が激減し，2000年，漁業者はついに休漁を決めざるを得なくなったのである。

　風蓮湖流域に限らず，根釧台地と呼ばれるこの地域一帯の緩い丘陵は牧草地として開発が進み，流れを連ねるほかの河川でも同様に水質悪化が起き，川が臭い，河口でとれる鮭に臭いがつく，と漁業者と酪農家の対立構造が先鋭化した地域だといわれている。農業と水産業という，一次産業どうしのあつれきは，これもある意味北海道ならではのもので，風蓮湖流域はその典型例といえる。地元の自治体では，漁業者の怒りをどうやって鎮めるか腐心し，流域全体の総合的な保全対策についても模索し続けている。筆者が最初にこの地域に関わったのは，別海町による西別川河畔林造成事業の現場を調査することになったときだが，これは，川のそばまで拡大しすぎたと，牧草地の一部を町が買い上げ，河畔林を再生させるため植栽するという事業で，最初の植栽は1994（平成6）年と，実に20年以上前に遡ることになる。また，地域一帯でし尿処理施設の整備も進み，河川へのし尿の直接流出は激減したといわれるようにもなった。調査で出会った何人かの漁師さんから，「昔は風蓮湖の氷は茶色くてね，臭った。そりゃ汚なかったよ。だけど最近はもうそんなことはないね」と聞いた。シジミが激減してから約30年，水質改善の兆しが現れていることを示唆している。

　一方で，シジミ資源は，まだかつてのように漁ができるほどには回復していない。そのことは，保全対策を進めてきた自治体にとって「これ以上何をやればいいのか……」という焦燥感につながっているとも思われた。しかし少なくともいま風蓮湖の環境は変貌しつつあり，「汚い」という状況を抜け出そうとしている。シジミという単一種の資源動向に一喜一憂するのではなく，「現在の」風蓮湖とその流入河川についての俯瞰的な評価を踏まえ，変貌する環境が今後どのように推移していくのかを類推するとともに，より持続的で将来性のある保全対策を検討することが必要であろう。

　そこで我々はまず，今回の研究プロジェクトの柱のひとつに「流域の現状評価」を据えた。ここでは，風蓮湖がもともと二枚貝の生息適地であり，主

要漁獲物であることを踏まえ，食物連鎖の土台をなす低次の生産系，すなわち「基礎生産」と呼ばれるプロセスの詳細な把握と評価を試みた（第2章）。また近年，水に溶けた状態の鉄，溶存鉄が海洋の基礎生産に重要な役割を果たすことから，河川から沿岸域にもたらされる溶存鉄の存在が注目されるようになった。河川に供給される溶存鉄の最大の供給源は湿原である。我々は，風蓮湖流域の河畔に残存する広大な湿地帯が溶存鉄の供給源となって風蓮湖の基礎生産に貢献しているのではないかという仮説をもち，その動態を明らかにすることにした（第3章）。

　柱のふたつめは，「検討材料の提示」である。水質改善のためには，発生源（牧草地）での対策と，河川への流出抑制策（緩衝帯など）がある。前述の通り既にこの地域では，一度広げた牧草地を再び河畔林に戻す取り組みを進めてきた。これまで河畔林の窒素緩衝効果については，林帯を5m通過すると窒素が約8割減少するといったオンサイトでの評価はされているが，それが河川の水質改善にどの程度効果をもつのかについては未検証であった。そこで本書では窒素流出モデルの作成を試み，河畔緩衝帯を増やした場合に水質がどう変化するか予測可能か検討した（第4章第1節）。また，発生源での対策は，酪農家に経済的，精神的負担を与える可能性もある。塵も積もればで，日々の営農のなかでのそうした負担が上流と下流のあつれきの一因にならないとも限らない。酪農家にとって無理なく続けられ，あわよくばメリットもある営農方法がないかと考えたとき，北海道東部の酪農家から提唱された「マイペース酪農」がひとつのヒントになるのではないかと思われた。マイペース酪農の詳細については本文中に説明を委ねるが，基本的には，コストダウンのために牧草地への施肥量や購入飼料を減らすという考え方である。生乳や牧草の生産量を減らすことにもつながる（であろう）経営への方針転換は酪農家にとって勇気のいることでもある。本書では，マイペース酪農が流域環境保全に貢献しうるかどうか可能性を探ることにした（第4章第2節）。

　柱の3つ目は，「住民意識の把握」である。流域問題における住民間のあつれきは，治水，利水，あるいは漁獲物の分配などをめぐり，有史以来いつの時代にもあったことで，それぞれの時代の為政者や住民にとって地域資源

を管理する上で重要なテーマとなってきた。先述の通り，風蓮湖流域をはじめとする根釧地方では，自治体によって水質保全のための先駆的な取り組みが実施されてきたが，あつれきを解消させるための合意形成の進め方については模索中といったところである。その一方，対立の構造が明確だと，住民も「どうにかしなければ」と自発的に行動を起こすものらしい。牧草地を取得して河畔林再生を図るという方式は，住民主体の活動にも引き継がれ，酪農家と漁業者の協働による植樹活動が実施されるなど，上下流のあつれきを克服しようとする取り組みによって，根釧地方は流域連携の道内先進地といわれるまでになっている。

　活動をリードするのは地域のオピニオンリーダーともいうべき人々だ。特に，酪農家サイドのスタンスには「酪農で潤った我々が漁業（地域・コミュニティ）に何かお返ししなければ」という利益還元の意識が根底にある。最初に酪農家リーダーの一人にお話を伺ったのはもう 10 年近く前のことになるが，その意識の高さに感銘を受けつつも，こうした活動をより普遍的な，「あたりまえのこと」にしていくためには，「下流のために」という奉仕の精神だけではなかなか難しいものがあるのではないかと感じたことも事実である。活動に参加していない，あるいは活動を知らない大多数の住民は，流域の環境保全をどう考えているのだろうか。そうした人々の意識を窺い知ることは，通常ではなかなか機会もない。ならば直接話を聞いてみよう，と聞き取り調査を敢行した（第5章）。聞き取り調査では，まず地域住民は身近な自然環境をどう認識しているかを聞くことから始め，酪農の進展とともに自然とのつきあい方も変化したのかなど，人々の暮らしのなかに風蓮湖流域がどう位置づけられているのかを読み解くことで，住民が主体的に関われる活動のあり方を探求することにした。

　現時点では，以上の3つの柱から得られた知見が，相互に連関し融合していることを示すには至っていない。これには本プロジェクトの年限や筆者自身の力不足がある。しかしこれまでに明らかにされたことをプロジェクトメンバーで共有するとともに，連関の糸口を確認しようと考え，本書の最後にメンバー全員による座談会を企画した（第6章）。本プロジェクトは，各パー

トがそれぞれ異なる研究分野からなり、各メンバーの主たる所属学会も（ほぼ）異なるという構成だったが、問題意識を共有して研究を進めることができたのは、風蓮湖流域という題材と、各メンバーの「境界のなさ」のお蔭と思っている。流域を総合的に見る、というと聞こえはいいのだが、「境界領域」を扱うことは、一歩間違うと「その道」の専門家から激しく批判される危険性もある。しかし、領域が定義されている学問（や学会）と違って、実社会で起きていることは「重なり」だらけなのではないだろうか。そもそも、流域の上下流は連続しており、行政区域などは関係ない。森と川、森と農地、湿地と河口域、といったようにさまざまな土地要素が組み合わさってひとつの流域を形作っている。領域ごとのスペシャリストは必要だが、領域ごとの分業と成果の羅列だけでは、総合化には至らないのではないか、流域をトータルに見る視点、見方（ノウハウ）が、個別の学問領域の手法とは別に必要なのではないか、と筆者は考えてきた。とはいえ、それを具体的に文章化したり、伝えたりというところまで整理できてはおらず、自分が試行錯誤してきたなかで経験値として掴んでいるにすぎない。本書もその試行錯誤のひとつといえるが、少しでも読者に伝わることがあれば幸いである。

21世紀も既に序盤を経過しようとしているが、日本全体で人口減少の時代に入った今、北海道の農山漁村も例外なく人口が減り続けている。1960〜80年代にかけて食糧供給基地として大きな変貌を遂げた北海道だが、それからわずか30年で集落や産業の存続が危惧される事態となっているのである。これら地方の農山漁村は、食糧供給「基地」というだけでなく、人々が「日々の生活を営む場」でもある。風蓮湖流域でも道内の他地域と同様、人口減少は続いており、コミュニティを維持していく上での懸念材料は多い。しかし住民が自ら課題解決やコミュニティ維持に取り組もうとしているという点で、一次産業を基幹産業とする北海道内外の地域社会の道標になり得るだろう。研究成果を現実の施策や技術として地域に還元していくにはまだ課題も残されているが、農業と漁業がともに持続し、調和のとれた地域社会を目指す上でさまざまな示唆が得られたと考えている。本研究で明らかになった結果を踏まえ新たな課題設定を行うことで、より建設的に流域問題解決へ

の道筋が立てられるはずである。地域住民による，地域住民のための環境保全活動を持続的に行っていくための仕組みが機能し，能動的・自律的活動へと成熟していくこと，そしてそれがコミュニティの活性化につながることを期待したい。

　本書を執筆するにあたりその基盤となった研究は，公益財団法人日本生命財団からの助成によって実現しました。また本書の出版にあたりましても助成をいただきましたことを心から御礼申し上げます。

　さらに，風蓮湖流域を研究フィールドとし研究を進めるにあたり，北海道根室振興局の関係各位，別海町役場，浜中町役場の関係各位，別海漁業協同組合，根室湾中部漁業協同組合，根室管内さけ・ます増殖事業協会，NPO法人えんの森，NPO法人霧多布湿原ナショナルトラスト，北海道大学環境科学院，北海道大学低温科学研究所，国立環境研究所，農業・食品産業技術総合研究機構，北海道立総合研究機構の関係各位からも多大なサポートをいただきました。ここに記してあらためて感謝の意を表します。

　本書の執筆，編集にあたっては，北海道大学出版会の成田和男氏に大変お世話になりました。深く感謝申し上げます。

平成 29 年 2 月 28 日

研究代表者　長坂晶子

vii

目　次

はじめに　　i

第1章　風蓮湖流入河川流域とは　　1

1. 流域の諸元　　1
2. 一次産業の興りと大規模酪農開発までの経過　　5
3. 風蓮湖流域における調査・研究の経過　　7
4. 根釧地方で進む流域連携の動き　　11
5. 本研究の視点　　14
［引用・参考文献］　　16

第2章　亜寒帯汽水湖(風蓮湖)の環境特性と低次生物生産過程の特徴　　19

1. 研究の背景　　19
2. 風蓮湖の概要および水理構造と水質・底質環境　　22
　　水温および塩分の水平・鉛直分布　24 ／ 栄養塩およびクロロフィルaの時空間的変化　25 ／ 風蓮湖における降水量および潮汐と湖奥部の塩分の水平・鉛直分布の変動の関係　31 ／ 塩分を指標とした栄養塩およびクロロフィルaの挙動　33 ／ 粒状有機物とクロロフィルaとの関係　36 ／ 栄養塩が湖内の微細藻類の増殖に及ぼす影響　39 ／ 水柱および堆積物表層における微細藻類の生物量の比較　40
3. 風蓮湖における微細藻類の出現特性と種組成の時空間変動　　41

実験・調査の概要　42　/　実験期間を通した光量，栄養塩の変化と多様度指数の関係　43　/　調査時の優占種の遷移とその要因　46

4. 風蓮湖の水柱・堆積物表層における基礎生産の定量化　47

実験時の試料の採取と分析，およびデータの取り扱い　48　/　調査時の光量子密度の時空間変化　49　/　実験期間を通した水中の微細藻類の基礎生産速度　51　/　風蓮湖内の光環境の特徴とその時空間変動　51　/　水中の基礎生産速度の時空間変動とその要因　53

5. 栄養塩の主要起源としての流入河川の評価　56

6. 基礎生産量から評価するシジミ資源復活の可能性　65

［引用・参考文献］　67

第3章　陸水域〜汽水域の溶存鉄の動きを追う　71

1. 研究の背景　71

2. 風蓮湖と風蓮湖流入河川の概要　74

3. 河川と湖水の水質分析方法ならびに土地利用調査方法　77

水質調査　77　/　土地利用・土地被覆分類　80　/　土地の地下水位の調査　82

4. 風蓮湖流入河川と風蓮湖の水質分析結果ならびに土地利用状況　84

河川水質調査　84　/　風蓮湖水質調査　88　/　土地利用・土地被覆分類　91

5. 溶存鉄の起源と風蓮湖の基礎生産への寄与　94

河川水の溶存鉄濃度　94　/　風蓮湖流入河川が風蓮湖に輸送する溶存鉄・栄養塩フラックスの定量化　101　/　風蓮湖の水質に与える影響　104

6. ま と め　105

［引用・参考文献］　106

目　次　ix

第4章　物質の環の再生　　115

1. SWAT モデルを用いて土地利用の変化にともなう窒素流出量を推定する　115
   この節の目指すところ　115 / SWAT とは？　116 / SWAT を使う
   メリット　117 / 調査対象地域の概要　118 / SWAT へ投入するデー
   タについて　119 / 流出解析　120 / 現在の課題への対応　129
2. 負荷軽減策としての「低投入型酪農経営」は効果的か？　　129
   北海道の酪農について　129 / 道東における低投入型酪農　136 /「マ
   イペース酪農」実践農家における生産と物質循環　140 / 地域の新た
   な文化的景観として酪農地帯の再評価　148

［引用・参考文献］　154

第5章　地域住民の環の再生　　157

1. 流域の上下流における自然認識の差異　　157
   合意形成を阻む「視点」の違いはどこから？　157 / アポなし突撃イ
   ンタビューを敢行　158 / 住民はどんな言葉を使って「身近な自然」
   を語っている？　161 / 酪農家の間でも地域単位で自然観が異なって
   いた　167 /「見方が違う」ことを互いに知ることが第一歩　169
2. 「住民の目から見た」風蓮湖流域の環境　　171
   住民に「地域の生物相」を尋ねる　171 / アンケートを配って歩く
   172 / アンケートに回答してくれた方の特徴　176 /「生きもの知識」
   の今昔　180 / 自然体験は生きものの知識を反映しているか
   192 / 風蓮湖流域の環境保全に対する住民意識　195 / 知識は体験に
   よって，保全意識は社会によって育まれる　198
3. 風蓮湖流域の変遷と人々の暮らし　　199
   あらためて，風蓮湖流域の農業・漁業を概観する　199 / 風蓮湖流域

における物質動態と食料供給サービスの変遷 203 / これからの風蓮湖流域 206

［引用・参考文献］　207

第6章　座談会　風蓮湖流域のプロジェクトを振り返って　　217

1. 物質循環の再生を考える　217
   溶存鉄の観測　217 / 風蓮湖側から見た陸域の印象　220 / SWATモデルの善し悪し　224 / マイペース酪農の実態を調査してみて　225 / 風蓮湖流域の供給サービスの評価　229
2. 地域住民の環の再生を考える　233
   流域連携について　233 / 川と地域住民の関わり　237 / 大きな環（上流−下流）と小さな環（地域社会）の循環　242

［引用・参考文献］　246

用語解説　247
索　　引　251

風蓮湖流入河川流域とは

第*1*章 ─────────────────────────────

1. 流域の諸元

　今回研究対象地とした風蓮湖流入河川流域は，別海町，浜中町，根室市および厚岸町にまたがる二級河川である（図1）。流域面積は997.65 km²と広大で，流域の大半が酪農地帯として開発が進んでいる。流域の下流端には汽水湖である風蓮湖が位置し，南東と北西それぞれから延びた砂州の間の500 mほどの水路によって根室湾とつながっている。風蓮湖の湖面積は56.38 km²で，最大水深は11 m，平均水深は1 mと浅く，湖岸は泥炭が分布する湿地帯となっている。北からポンヤウシュベツ川，ヤウシュベツ川，風蓮川，別当賀川が主要流入河川となっており，最大の集水域は風蓮川である。

　流域内のアメダス観測地点（別海，厚床，茶内原野）の観測値から窺えるこの地域の気象特性として，夏期の冷涼な気候と冬期の低温が挙げられる。真夏に最高気温が25℃を超えることは稀で，厳冬期の日平均気温が-15℃を下回る年もあり，最近10年間の年平均気温は5.8℃となっている（三上・五十嵐，2014）。冬期は非常に冷え込むが，日照時間が長いことも特徴で，積雪が少ない典型的な太平洋型の気候である。そのため，積雪深が30 cmを下回るような地域では土壌凍結が著しい。河川および風蓮湖も厳冬期には結氷する

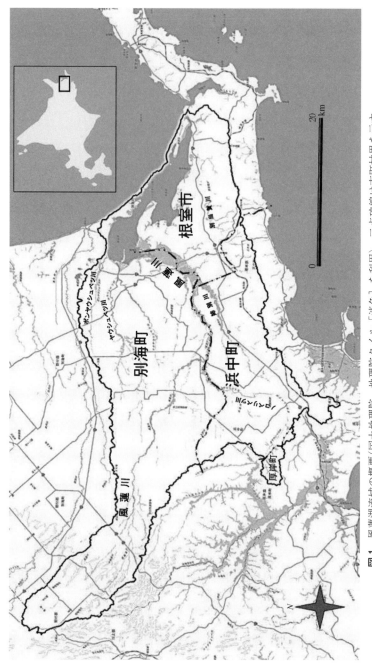

図1 風蓮湖流域の概要（国土地理院 地理院タイル「淡色」を利用）。二点破線は市町村界を示す。

写真1 風蓮川下流さけます捕獲場付近の状況(2月中旬)(撮影・長坂　有)

写真2 写真1の場所での厳冬期採水風景。氷の厚さは80 cmあった(撮影・長坂　有)。

（結氷期間は12〜3月）。主要河川の下流域では，氷の厚さが1m近くに達することもあるが，底層の流れは確保されている。4月に入ると徐々に氷は溶けていくが，積雪がそれほど多くないため，通常日本海側で見られるような明瞭な融雪出水にはならない。ただし土壌凍結が解除されるのは5月上旬のため，4月中に大雨もしくは大雪があると雨水や融雪水が土壌浸透せず，大きな出水となることがある。

　風蓮湖流域に注ぐ集水域は，屈斜路カルデラの形成にともなって噴出した火山灰に厚く覆われた火砕流台地によって構成されており，一般的には根釧台地と呼ばれる。風蓮川をはさんで北側に別海町，南側に浜中町，南東部に根室市が位置するが，南側に向かうにつれ火砕流堆積物は薄くなり，浜中町側の支川の河畔では地表近くに泥炭が分布する場所も少なくない。また姉別川流域，ノコベリベツ川流域といった，浜中町側から風蓮川に流入する支川の源頭部には，根室層群と呼ばれる中生代白亜紀の地層が分布しており（浜中町役場，1975），風蓮川本流や別海町側の支川が軽石や粗砂，細砂といった粒径の細かな河床材料で構成されているのとは対照的に，粒径が5cm以上の角礫，円礫が豊富な礫床河川となっている。

　大規模な酪農地帯という，この地域の土地利用を決定づけているのは，以上述べたような，夏期の冷涼な気候と傾斜の緩やかな火砕流台地という条件によるところが大きい。また，静穏で浅い汽水湖は二枚貝の生育に好条件で，根室湾におけるサケマス定置網のほか，冒頭で述べたようにシジミ漁も盛んに行われていた。風蓮川の河口近くには，夏〜晩秋にかけて親魚捕獲のための施設（ウライ，もしくは簗）が設置されるなど，流域はサケマス増殖河川ともなっている。

　風蓮湖の特性については，本書第2章でも詳しく述べるが，南東から北西方向に細長く延びる形状で，根室湾と接する湖口に近い南側と3つの主要河川が流入する北側とでは，海水交換の程度が異なる（山本ほか，2007）。このことは塩分環境や河川水の影響度などにも反映されており，酪農排水の影響が指摘される区域は，河川水の影響を受け，かつ海水交換に乏しい「湖奥」と呼ばれる湖の北側部分にあたる。汽水と呼ばれる区域は主に湖奥を指してお

り，湖の面積としては全体の3分の1ほどであるが，川と海が出会うエコトーンとして重要な区域と考えられ，本書で扱う「風蓮湖」もこの湖奥部を指す。

2. 一次産業の興りと大規模酪農開発までの経過

風蓮湖は根室湾に面しているが，流域内の主要自治体（別海町・浜中町・根室市）のうち浜中町の漁業は太平洋側を漁場としており，産業活動上の関わりはほとんどない。また根室市は根室湾と太平洋の双方を漁場とするなど，自治体にとって風蓮湖の位置づけや比重がそれぞれ少しずつ異なる。しかしいずれにしても，この地域の和人の歴史は沿岸から始まっている。時代は元禄年間（1701年頃）に遡り（別海村役場，1966；浜中町，1975），松前藩の交易地として開かれ漁業が始まったとある。江戸時代の主な漁獲物はニシン，サケ，マスである。風蓮湖流域に北側で隣接する西別川流域はアイヌ語で「ヌーウシュペッ（鮭のたくさん獲れる川）」と呼ばれるに相応しく，良質のサケは江戸地への交易，献上の品として重用され，「献上鮭」はいまも地域ブランドとして知られている。また，浜中町の漁業は，太平洋側に面した琵琶瀬湾，浜中湾を中心に行われているが，この地域も別海同様，元禄年間に開かれたのが始まりで，ニシン，サケ，マスに加え，江戸末期には昆布の産地として既に知られるようになっている。

明治初期，太平洋側から根室湾への交通の便は舟運で，別海村小史ではノコベリベツ川を経由して風蓮川を下ったとの記述がある。しかし風蓮川は蛇行の激しさと倒流木の多さから現在でも川下りの難所といわれている。それぞれの町史には，風蓮川の記述がほとんど登場しないことからも，どの程度利用されていたか疑問も残る。浜中町史には，ノコベリベツ川，姉別川（いずれも浜中町側）におびただしいサケマスの遡上があったことが記述されており（浜中町，1975），流域住民にも利用されていたと思われる。漁業としてみると，風蓮湖流域に回帰するサケマスは根室湾で捕獲されるため，種川は浜中町内にあるけれども，漁獲としては別海，根室のものということになる。戦

後，サケの再生産適地として姉別川に国営のさけますふ化場が設置され，根室湾および風蓮湖におけるサケ資源の維持に貢献している。

　内陸への開拓は，明治維新以降，本州からの入植者を受け入れるようになってからである。当初この地域では小規模な畑作が営まれており，生産性は決して低くない，畑作の適地との評価も受けていた。また，当時，交通手段として，あるいは軍馬としての需要が高かったことから，別当賀川流域に馬産を主体とした牧場が開設されたことが牧畜業の始まりといわれている。浜中町にはいまも馬牧場があり，明治期からの歴史をつないでいる。また，浜中で馬の需要があったのは，採集した昆布の運搬を馬によって行っていたことも大きいと思われ，その習慣は 1960 年代半ば（昭和 40 年頃）まで見られていた。

　地域一帯で酪農業が注目されるようなったのは昭和に入ってからで，1931（昭和 6）年に北海道全体を襲った冷害・凶作を機に畑作から酪農への転換が叫ばれるようになった。別海ではこれを機に内陸への開拓，農民の移住が進んだとされている。一方，浜中町側の原野は 1919（大正 8）年に根室本線が開通し釧路方面から根室へ抜ける陸路が確保されると徐々に入植者が増加し開墾が進んでいたが，別海と同様，1931 年の冷害で大打撃を受け，酪農業への転換を模索するようになった。しかし，戦前までの土地利用は非常に小規模なもので，大正年間（1921・1922 年）の地形図から把握した当時の土地利用は森林率 81％，農地率は 0.3％とも推定されている（北海道環境科学研究センター，1999）。現在のような大規模な酪農専業地帯が確立されるのは戦後に入ってからであり，別海町においては，1950 年代前半の根釧パイロットファーム，1973 年事業着手の新酪農村建設事業が，浜中町においては，1953 年事業開始の国営農地開発事業（事業着手時の名称は開拓パイロット事業）が草地拡大，灌漑排水施設などインフラ整備の大きな契機となった。これらの事業が完了する 1980 年代までに森林率は 31％に激減し，逆に農地率は 47％に拡大するなど（北海道環境科学研究センター，1999），戦後 40 年で流域の土地利用は大きく変化することとなった。

　昭和 20 年代半ば頃までの初期の戦後開拓には，戦地からの引き揚げ者を

受け入れるという目的もあった。戦時中から既に疎開者などで北海道の人口は増加し，終戦時(1945年)には全国一を記録したこともあったという。戦後もしばらく引き揚げ者などによって人口増加が続き，地方の集落にも活気があったことだろう。しかし上記の国家プロジェクトは農業の近代化を掲げ，一戸あたりの経営規模を拡大する施策であった。プロジェクトの目標は着実に達成されていったが，昭和30年代前半をピークに，地域の人口は減少の一途をたどっていく(藤倉・中山，2013)。和人がこの地に来てからおよそ300年，以降，終戦までの土地利用の拡大や人口動態に比べ，終戦からわずか20～30年の間に起きたこのドラスティックな変動は北海道ならではのものともいえるだろう。

3. 風蓮湖流域における調査・研究の経過

　風蓮湖流域における調査報告例は，水質悪化が顕在化した頃からの河川や風蓮湖の水質に関するものが主で，生物相の調査事例は非常に少ない。風蓮湖については，漁業対象種の産卵，資源実態などの調査が継続的あるいは断続的に実施されており，そこから生物の生息状況を類推することは可能であろう。しかし河川に関しては，支流の姉別川において，サケマス増殖河川としての生産性を評価するための調査が単発的になされた程度である(真山，1976)。風蓮川流域におけるふ化放流事業は1953(昭和28)年に開始されており，この調査が実施された1973年の時点で既に20年が経過しているが，1970年代は，まさに大規模な草地開発事業が始まろうとしている，いわば農業近代化の黎明期といえ，当時の姉別川付近の土地利用はまだ「現状では原始的条件を保っている」と記述されている。この報告では，姉別川は流れが緩く，腐植質には富むが貧栄養な中・下流域では生産性が低い一方，上流域は様相が異なり，礫が豊富で生産性も高いため，上流域の高生産性によって中・下流域のサケ稚魚の餌資源も保証されているのだろうと述べている。サケマス増殖事業の立場から見ると，当時始まりつつあった草地開発にともなう河畔林伐採や湿地改良のための明渠，暗渠排水工事，地下水位を下げるための河

川の直線化は重要な懸念事項であった。その後水質悪化時期の報告は見つけられず，草地拡大にともなって河川環境がどのように変化したのかを類推する資料は乏しいといわざるを得ない。

　風蓮川流域の水質調査ならびに解析事例は，平成に入ってから発表された報告が主である。1991～1992年にかけて流域北部の支川ヤウシュベツ川流域で行われた研究（佐久間・倉持1993；倉持ほか，1994）においては，暗渠排水からの高濃度の硝酸態窒素（NO$_3$-N，しばしば5 mg/L超）の流入について指摘するとともに，それが河川のNO$_3$-N濃度上昇の大きな要因となっていること，植物体に利用されない場合，それが地下の浅い帯水層にストックされ，浅層地下水のNO$_3$-N濃度がときにかなりの高濃度（1～10 mg/L）になることを報告し，将来，長期にわたって水質汚染の懸念を生じないよう，地下にストックされる窒素をできるだけ減らすべきと述べている。浜中側の支川の実態については1996年の調査報告があり（井上ほか，1999），浜中町を流下し風蓮川に注ぐ支川8流域と，太平洋側に注ぐ霧多布湿原流域内の琵琶瀬川をリファレンスとして，河川水質におよぼす土地利用および河川改修の影響を考察している。ここでは，土地利用だけでなく，乳牛飼養頭数密度や河川改修率との関係を検討しており，流域の草地化率，流域面積あたりの飼養頭数密度，河川改修率が高く，河畔の林地・湿地割合が低いほどNO$_3$-N濃度が高くなると報告している。風蓮湖流域においては，河川改修は浜中町を流れるノコベリベツ川流域で集中的に実施されたのみで，ほかの支川，集水域では実施されず河道は自然河川の状態を留めているため，河川改修の影響は浜中町独自の知見といえる。

　風蓮湖におけるシジミ漁が2000年を境に休漁したことで，1990～2000年代は，河川および風蓮湖の水質悪化が顕在化し始めた時期とみてよい。北海道環境生活部を中心とした「風蓮湖流域対策基礎調査」が実施されたのも1998～1999年のことで，三上ら（2008）はその後の追跡調査（2004～2005年）の結果も合わせて報告をしている。この間，2004年に「家畜排泄物の管理の適正化及び利用促進に関する法律」が施行されるなど，行政も対策に乗り出してきているが，2004年の時点では，流域面積あたりの乳牛飼養頭数密度と

NO_3-N 濃度の相関の高さは法施行前(1998年)と変化がないことを確認している。

　一方, この流域では, 草地化率や乳牛飼養頭数密度とリン酸態リン(PO_4-P)の相関が見出しにくいことなどから, リンの流出は風蓮湖の水質汚染にそれほど寄与していないと考えられている。三上ほか(2008)によると, リンが河川へ流入するのは降雨出水時で, 降雨による地表流の発生や, 河川の水位上昇などにより, 懸濁物とともにリンが流出するのだろうと考察している。すなわち NO_3-N が面源負荷とすれば, PO_4-P は出水イベントに呼応した点源負荷といえる。同様のことはアンモニア態窒素(NH_4-N)でも指摘されており(門谷, 本書第2章), 晩秋や融雪期の増水時に, 局所的に高濃度の NH_4-N を観測する地点が存在する。河川や湖の水生生物にとっては, NO_3-N よりも NH_4-N のほうが直接的な影響が大きいともいえ(西村, 2007), 風蓮湖のシジミ資源への影響も指摘されている(門谷ほか, 2011)。

写真3 風蓮湖岸の湿地帯(撮影・長坂　有)

10

　風蓮湖は COD の値が高く，長らく環境基準未達成(類型：海域 A)とされてきた。しかし八戸ほか(1993)は，流入河川および風蓮湖のフミン酸濃度と溶存態 COD との高い相関を確認できたことから，風蓮湖における高 COD 値は主に流域や湖岸に広く分布する泥炭由来の腐植質によってもたらされている可能性を指摘した。その後，三上・五十嵐(2014)らも河川および湖内の採水分析結果から，溶存態 COD は自然由来のもので風蓮湖が本来有する特性であり，酪農および生活排水の影響とは考えづらいと結論づけている。ここで同時に，三上・五十嵐(2014)は家畜排泄物法の施行 10 年後の追跡調査について報告しているが，リンと同様，懸濁態として河川から供給される粒状態 COD は汚染の要因として留意しなければならないが，法施行後，TP(全リン)，BOD，COD には明らかに改善傾向が見られることから，酪農家による排泄物管理の効果が現れているのではないかと述べている。

　風蓮湖の水質，底質，藻場について総合的な調査を行ったものとしては，2001～2002 年にかけて実施された「藻場・干潟環境保全調査」がある(北海道立釧路水産試験場，2003)。底質はシジミの生息環境を評価する上で重要なファクターと考えられているが，この調査では，本来のシジミ漁場だった湖奥の一部がシルト・粘土などの微細な粒径で構成されていることを確認し，生息環境への影響が懸念されると報告している。その一方で，風蓮湖に生育するアマモ場は 2000 年代において湖面積の約 7 割に及ぶことを明らかにし，最大現存量で約 2 kg/m^2，文献値などを元にした年間純生産量(乾燥重量)は約 2 万 2,000 t と概算している。興味深いのは，アマモ場による年間窒素生産量(文献値を用いた概算：530 t)が，風蓮湖主要流入河川からの年間窒素負荷量(744 t)の 7 割に及ぶという計算結果で，アマモの生育に河川からの栄養塩供給が寄与している可能性が示唆されることである。アマモ場は，ホッカイエビ，ニシンの産卵・発生・保育場として周知されており，シジミ漁休漁後の地域の漁業生産を支える基盤としての重要性が窺えるが，地元の漁業関係者からは，酪農とアマモ場拡大に何らかの因果関係を求めるのはまだ証拠不足であり，共通認識として公言できることではないと伺っている。この報告でも底質の細粒化やアマモ場拡大のメカニズムは今後の課題として挙げている。

4. 根釧地方で進む流域連携の動き

　酪農の進展と河川の水質悪化，さらには沿岸域への影響波及，という図式は風蓮湖流域に限ったことではなく，根釧地方一帯の共通した課題である。この地域はサケマスの重要な増殖河川を抱えているため，漁業者からの関心，指摘にも事欠かない地域ともいえる。そのなかで，河畔林の保全と再生をいち早く訴えたのは別海町である。別海町では 1992(平成 4)年に町の中心を流れる西別川流域が，北海道林務部による「魚をはぐくむ森づくり対策事業」のモデル流域に指定された。これは地元の漁業関係者や農家，林家などが連携して河川周辺の森林整備に取り組むことで健全な流域を保全し，その成果を全道の類似する流域へ普及しようとする先駆的試みであった(北海道林務部森林計画課，1993)。当地では，西別川沿いの遊休農地を町が買い取り，積極的に造林を行うという，道内でも数少ない大規模な河畔林造成事業を 1994年から実施してきた。その先駆地で住民が立ち上げた会がある。

　虹別コロカムイの会は 1994 年に活動をスタートさせた。発足のきっかけは西別川上流の養魚場に現れたシマフクロウである。献上鮭で有名な西別川も，水質汚染により「河口で獲れるサケににおいがついている」といわれるようになっていた。コロカムイの会の事務局長さんは，西別川河口でサケ定置網を生業とする漁師さんだが，前述の養魚場のオーナーでもあった。シマフクロウがなぜ養魚場に来るのか，西別川が今どうなっているのかと考えを巡らせた結果，シマフクロウが安心して棲めるような川，河畔林を保全することが，西別川全体をよくするはずだ，それはサケにとってもよいことだと考え，会の立ち上げを提案することとなった。特徴的なことは，「水質改善」を謳うのではなく，シマフクロウをシンボルとして掲げたことである。このことが，結果的には，農林水という異業種，さらには別海町外(遠くは道外，海外)の賛同者を生むことになった。彼らの活動はまだ続いている。植栽可能な場所はほぼ植栽を終え，下草刈りなどの保育作業を進めている。

　こうした先駆事例があって，隣の風蓮湖流域でも 2005 年に流域保全のた

めの会が立ち上がった。それが「風蓮湖流入河川連絡協議会」である。ともに別海町の議員を務める漁業者と酪農家が「ともに活動し，理解を深めるための場をつくろう」と手を組んだのである。代表には酪農家が就任した。これは水質悪化の原因者が率先して活動をリードすることで，漁業者との共通理解をスムーズにしたいという思いもあったのではないだろうか。また，代表には「酪農で潤った我々が漁業(地域・コミュニティ)に何かお返ししなければ」という利益還元の意識が根底にある。彼らの活動はコロカムイの会を踏襲し，河畔の草地を借り上げて緩衝林帯を造成する取り組みが主体だが，そのほか，漁業者と共同で風蓮湖の環境調査を行うなど，住民自らが上下流の連携を模索する，これも先駆的な事例となっている。一方，流域の3分の1ほどを占める浜中町側でも，酪農家が主体となって「NPO法人えんの森」が活動を開始した。2011年のことである。

写真4 風蓮湖流入河川連絡協議会による河畔植樹地(撮影・長坂　有)。牧草地だったところに広葉樹数種を植栽している。エゾシカの食害対策として電気牧柵は必携だ。

NPO法人化するきっかけとなったのは，住民協働による手作りの魚道作成である(中川, 2009)。風蓮川の支流ノコベリベツ川支川三郎川は浜中町の水源でもあり，流域のなかほどに取水堰が設置されていた。落差が大きいため，イトウが遡上できないのではと，調査で訪れていた学生に指摘され，そこで住民は暫く訪れていなかった地元の川を見つめ直すことになる。コロカムイの会同様，ここでも主たる目的は，「地元の川をよくしよう」という思いである。また，保全目的の達成に拘わらず，住民自らが保全活動と関わることで「地域のつながり」を再生したい，再生できる，ということが活動の根底にある。魚道設置の工事は，重機を使用して行う工事に比べれば遙かに改変度は低いものだが，それでも当初，河口域の漁協から懸念の声が上がったことがある。しかし直接目的や意義を説明することで互いの顔が見えるようになり，その活動に対する理解は急速に深まっている。

これまで述べた3つの事例に加え，2010年，西別川のさらに北側の標津川流域で「産業環境に関する3者会議」が設立された。「3者」とは，標津町，標津町農協，標津漁協であり，自治体(標津町)が事務局となって農水の橋渡しをするという構成ともいえる。興味深いのは，風蓮川のシジミのように酪農排水による直接的な影響は顕在化しておらず，酪農も漁業もともに高い水準にある地域だということである。しかし問題が顕在化していなくとも，将来に向けた予防的措置として，あるいは農水産品の高付加価値化などを目指して，流域一帯となって産業振興に結び付けようという意志がある。こうした組織が結成されるのも，この地域の20年に及ぶ流域保全の取り組みがあってのことといえ，逆の見方をすれば，地域の活動は10年，20年という単位で継続させることが重要だということも示している。

広大な北海道といっても，その人口密度を考えると，根釧地方においてこのような団体，組織がこれだけ存在することは特筆すべきことといえる。それぞれの団体は設立の経緯，運営主体など少しずつ異なるが，トップダウンではない，地域発の組織であるという点で一致している。ただし会の運営は一筋縄ではいかず，どこも苦労し，試行錯誤している。現時点の最大の案件は，コアメンバーの高齢化であろう。世代交代を図りたくても，30〜40代

の中堅世代が，「実業に忙しすぎて余裕がない」のだそうだ。ワークライフバランスとは，都会のサラリーマンに限った話ではなく，地方の一次産業従事者にも生じている。地域住民による自律的な活動，自治活動を持続的に行うためには，生業との兼ね合い，暮らし方の工夫など，生活スタイルそのものへの配慮も必要であることを示唆している。

5. 本研究の視点

風蓮湖流域は，その集水域の大規模な酪農開発と風蓮湖におけるシジミ資源の劣化という経過，また上流(農業)と下流(漁業)の対立という点でも，北海道における流域問題の典型事例と位置付けられてきた。もちろん，自治体も問題解決に向けてさまざまな施策を展開してきている。対策の柱はふたつある。ひとつは，「負荷の抑制」対策である。これはスラリータンクの設置や家畜排せつ物法の施行(2004年～)などによる，し尿処理の徹底や飼養頭数の制限(別海町「水環境条例」)によって実現しようとしている。もうひとつは，「河川への流出抑制対策」で，河畔林植栽による緩衝帯の設置など，道内の先進といわれる事例が数多くある。

一方で，風蓮湖流域における研究事例からは，水質悪化が顕在化した1990年代以降，現在までの間に，河川からの流入物質の質・量，またそれらの風蓮湖生態系への影響などが刻々と変化していることも示唆している。自治体の対策と併せて考えると，かつて問題となっていたし尿の流出などの点源負荷の影響がかなり軽減されてきていることを示唆している。また，かつて風蓮湖を「環境基準未達成」といわしめていた高濃度のCODについて，近年では溶存態CODについては湿原の腐植物質由来であると結論づけられるなど，汚染と考えられてきたものがそうではなかった，といった「見方の変化」もある。詳しくは第3章に譲るが，風蓮川の語源である「フーレ・ペッ(赤い川)」からは，流域や湖岸に広がる湿地帯から供給される腐植物質と，それに錯体として結合する溶存鉄の存在が強く想起される。風蓮湖流域では，陸水から沿岸域にもたらされる物質のうち，栄養塩は「負荷」の代名

詞となっているが，溶存鉄とそれを輸送する腐植物質については，陸水からの「恩恵」となる可能性をもっている。

　誤解を恐れずにいえば，北海道においては，陸域から沿岸域への負荷は，ほとんどの場合農業地帯からもたらされている。河口域で営まれる漁業は，集水域の終末に位置するため，漁場環境が良好に維持されるかどうかは，上流(陸域)側の生産活動のあり方次第という受動的な立場に置かれやすい。そのため漁業者は被害者意識をもちやすく，農業者との間にあつれきを生じさせてきた。しかし，北海道では農業も水産業も重要な基幹産業であり，環境保全のためにいずれかの生産活動を抑制したり，排除したりするということは，自治体にとっては地域経済の発展やコミュニティ維持の上から極めて難しい課題ともなっている。

　しかし筆者は，風蓮湖流域に関してここまでの経過を見ていくうちに，単純に上流から下流への負荷，上流と下流の対立，それを解決するための調査研究，というシナリオを与えてよいのだろうか，という疑問を感じるようになっていた。水質悪化を改善するための取り組みなのだから，問題解決のための対策や仕組みづくりを議論するのが本来の姿なのかもしれないが，風蓮湖と同様に湖沼の環境保全に取り組む霞ヶ浦の事例では，問題解決型のアプローチでは限界があるとも指摘されている。すなわち，規制や制限は特定汚染源に対しては有効だが，河川への流出プロセスが複雑で汚染源を特定しづらい面源負荷には対応できない，むしろ，(対策を施すことが)新たな利益，価値を生み出す「価値創造型」の発想が有効であるという考え方の提示である(飯島，2008)。風蓮湖流域では特定汚染源への対策は既に実施しており，また河川からの物質流入は，負荷と生産性の増大という，正負双方の側面をもっている。したがってこの地域でも，これから求められるのは，規制や制限ではない別のシナリオが必要なのではないかと考え始めたのである。前述した「地域発」の活動のなかにも，単に保全を訴えるだけではなく，地域資源を保全，活用し，その魅力を共有しようという動きが芽生えており，住民もそのほうが「有効である」と気づいているようにも感じられる。

　こうした視点から，本書は流域の現状評価と，新たな価値創造のための知

16

見の蓄積を意図し構成した。地域社会における対立構造は根釧地域一帯における流域連携の事例を生み出すきっかけとなったが，それは酪農開発の成功による豊かな経済を背景として実現したものともいえ，こうした条件がどこでもあてはまるかというとそうではない。しかも農業者が加害者的立場（負荷源）という構図を設定すればするほど，上流側からの取り組みを期待することは難しいだろう。流域はそれぞれ固有の自然環境をもち，流域住民はさまざまな立ち位置にある。その輪郭を描写するとともに，「環の再生」のヒントを見出すことが本書の目的である。

[引用・参考文献]

別海村役場(1966)別海村小史. 102p.

藤倉良・中山幹康(2013)世界銀行借款による日本の農業開発プロジェクトの長期的評価—二つのパイロットファーム. 公共政策志林 1：35-47.

八戸法昭・石川清・高坂智・長野満(1993)風蓮湖水質環境の現状と問題点. 北海道大学衛生工学シンポジウム講演資料：353-358.

浜中町役場(1975)浜中町史. 833pp.

北海道環境科学研究センター(1999)平成10年度環境庁委託業務結果報告書「風蓮湖及びその周辺地域における特定流域環境保全対策調査」. 104pp.

北海道立釧路水産試験場(2003)藻場・干潟環境保全調査報告書　別海地区周辺地域(北海道-1). 39pp.

北海道林務部森林計画課(1993)流域森林整備協定策定の締結に向けて—別海町西別川流域をモデルとして.

飯島博(2008)中心のない動的ネットワークの展開を. 季刊 河川レビュー 通巻141：52-55.

井上京・山本忠男・長澤徹明(1999)北海道東部浜中地区における流域の土地利用と河川水質. 農業土木学会論文集 200：85-92.

真山紘(1976)サケ稚魚降海期における姉別川の水生動物相について. 北海道さけ・ます・ふ化場研究業績 244：55-73.

三上英敏・藤田隆男・坂田康一(2008)酪農地帯，風蓮湖流入河川の水質特性. 北海道環境科学研究センター所報 34：19-40.

三上英敏・五十嵐聖貴(2014)家畜排せつ物法施行後における風蓮湖流域河川の水質環境変化について. 環境科学研究センター所報 4(通巻第40号)：37-43.

門谷茂・真名垣友樹・柴沼成一郎(2011)酪農業の進展と風蓮湖の生物生産構造変化. 沿岸海洋研究 49(1)：59-67.

中川大介(2009)酪農家，川へ入る—住民とNGOの協働による河川環境再生プロジェクト. 日本水産学会誌 75(4)：722-726.

西村修(2007)毒性物質(7)アンモニア，pp.39-41. 大垣眞一郎監修，河川の水質と生態系—新しい河川環境創出に向けて. 技報堂出版.

佐久間敏雄・倉持寛太(1993)非特定汚染源による河川の富栄養化とその改善—湿地植生の

浄化機能を中心として．第 6 回(平成 3 年度)河川美化・緑化助成事業調査研究報告書：
171-197.

山本潤・牧田佳巳・山下彰司・田中仁(2007)風蓮湖に陸域からの汚濁負荷が及ぼす影響に
関する現地観測．海岸工学論文集 54：1006-1010.

亜寒帯汽水湖(風蓮湖)の環境特性と低次生物生産過程の特徴

第2章

1. 研究の背景

　河口域を含む汽水域は陸から沿岸域への物質循環において重要な役割を担っており(Crossland et al., 2005)，特に河川由来の溶存態，もしくは粒状態の物質を複雑な生物化学過程によって保持している。これらを可能にする複雑な生態系は河川由来の淡水と外海水が混合し，生物多様性が増すことで機能しており，塩分が5〜8 psu 程度になる所で顕著に現れる。しかし，河口域は人間活動の影響を受けやすく，近年，人間活動によって河川水中における化学成分の質・量は共に大きく変わってしまい，窒素やリンの流入量が増加し，多くが富栄養化している(Meybeck, 1979)。富栄養化が生起すると植物プランクトンの異常繁殖や有害種への種組成のシフト，貧酸素化，堆積物への有機物負荷などの現象を引き起こす(Jorgensen & Richardsen, 1996)。この有機物の海底への大量堆積が，海底付近の嫌気化を引き起こし海洋生態系に大きなストレスを与えている。生物がまったく棲めなくなった海域は，世界の沿岸域400か所以上で報告されており，このいわゆる「Dead zones」面積が，延べ 245,000 km^2 を超えているとされている(Diaz & Rosenberg, 2008)。現在，

国際間の協力により河口域や沿岸域の栄養塩の保持能力を見積もるために地球規模でさまざまな活動が行われている(Crossland et al., 2001)。しかしながら富栄養化している河口域の変化の過程や，栄養塩の保持力における知見は主に温和な水域のものがほとんどであり，寒帯域に対する知見は極めて乏しい(Humborg, 2003)。

　河口域や汽水域のような沿岸域の基礎生産性が高い理由として，この水域が光合成に不可欠な資源である「光」と本稿の主題のひとつである「栄養塩」が安定的に供給される環境であることが挙げられる。海洋の有光層は概して表層から水深100 mまでの範囲に限定されるといわれており，水深の比較的浅い汽水・沿岸域では底層付近まで光が供給される。また，陸域と海域の接点である汽水・沿岸域は河川水の流入によって陸由来の栄養塩が供給されることから，外洋域と比較して栄養塩が安定的かつ豊富に存在する。このような環境特性の影響を受けて，汽水・沿岸域では植物プランクトンによる基礎生産が盛んに行われ，それを基盤とした豊富な生物量が存在する。汽水・沿岸域は，その豊富な生物量から漁業が盛んに行われているため，漁獲を大きく左右する植物プランクトンの基礎生産は世界各地でその定量化が試みられ，これまでに数多くの知見が得られてきた(例えばKnoppers, 1994；Mann, 2000)。

　一方，堆積物などの基質表面に付着して生息する単細胞藻類：底生微細藻類が沿岸域の基礎生産に大きく寄与し，底生微細藻類は植物プランクトンと同様に高次栄養段階生物を支える主要な食物源であるとする報告が存在する(例えばGillespie et al., 2000；山口，2011)。底生微細藻類は主に堆積物表層に生息し目視では捉えがたい一方で，その現存量はときに植物プランクトンを凌ぐことから(例えばCadee & Hegeman, 1977)，"Secret Garden" とも称される(Macintyre et al., 1996)。

　底生微細藻類が汽水・沿岸域において高い基礎生産を有する要因としては，水深が浅く光が底層まで到達する環境が汽水・沿岸域には多いことが挙げられる。しかし，光は水柱内の植物プランクトンをはじめとする粒状物質により底層に到達する量が制限され，一方で底層に高濃度に存在する栄養塩は水

柱へ溶出する前に底生微細藻類に優先的に消費されるため，同じ基礎生産者であっても，植物プランクトンと底生微細藻類は光および栄養塩の競合関係にある (Chatterjee et al., 2013)。

　前述したように，基礎生産の評価は対象海域の栄養状態の評価及び漁獲量の推定に結び付く (Welsh et al., 1982)。しかしながら，汽水・沿岸域では外洋域と比較して水温，塩分，栄養塩をはじめとする物理化学環境が時空間的に大きく変動するため，これらの変動を考慮した上で微細藻類(植物プランクトンおよび底生微細藻類)の基礎生産の定量化に同時かつ同所的に取り組むことは容易ではなく，知見は極めて乏しい。Chatterjee et al.(2013)は，とりわけ底生微細藻類に関する研究が，植物プランクトンに関係した研究に比べて不足していることを指摘している。また底生微細藻類関連の研究は，潮間帯を研究対象とした報告がその大半であり，潮下帯における研究報告が十分ではないとも述べている。

　風蓮湖を擁する北海道道東地区は 1954 年の根釧機械開墾地区建設事業(パイロットファーム計画)により大酪農地帯へと発展し，今日に至っている。パイロットファームの推進により酪農業が急速に拡大し，1954 年には 1,000 頭規模であった乳牛頭数は 30 年余りで 10 万頭に増加した。道東地区を流れる河川は酪農業発展の影響を受け，風蓮湖においては畜産系排水および牧草地で使用される肥料などにより栄養塩負荷された流入河川水の影響による水質および底質の悪化が懸念されている(門谷ほか，2011)。風蓮湖ではヤマトシジミ(*Corbicula japonica*)が元来より主要な漁獲対象種であり，1985 年にその水揚げ量は約 200 t に及んだが，その後は減少を続け，2000 年には全面禁漁となった。現在もなおヤマトシジミの資源量は回復しておらず，その要因として湖内塩分の上昇と流入物質の堆積をはじめとして複数の要因が推察されてきた。近年，風蓮湖におけるヤマトシジミの生態と物理化学環境との関係性についてヤマトシジミの資源量回復のための礁造成場選定に関する今後の研究課題のひとつとして植物プランクトンの現存量の評価が挙げられている。風蓮湖内の食物網の基盤であると考えられる微細藻類の基礎生産は風蓮湖の環境特性とその時空間的変動の影響を受けて推移するものと推測され，微細

藻類の基礎生産動態を明らかにすることは風蓮湖におけるヤマトシジミをはじめとする漁業・養殖業対象種に対する餌資源の評価に寄与するものであると考える。

そこで本章では，風蓮湖に流れ込む主要河川の影響を「栄養塩」に焦点をあて評価することとし，酪農の影響を受けた河川の季節変動，年間流達負荷を見積もることを目的とした。はじめに，風蓮湖の水理構造と水質・底質関連項目の時空間変化について考察し，風蓮湖の水質・底質の評価を試みた。次ぎに，風蓮湖における水中の微細藻類の出現特性と種組成の時空間変動についてまとめた。そして，微細藻類の現存量および基礎生産速度について考察し，風蓮湖内の基礎生産について述べた。さらに，風蓮湖の環境特性と微細藻類の基礎生産との関係，加えてシジミ漁業復活の可能性について言及し，本章の結びとした。

2. 風蓮湖の概要および水理構造と水質・底質環境

調査対象水域は，北海道東部(43° 17′ N, 145° 21′ E)に位置する風蓮湖である(図1)。風蓮湖は面積 57.5 km^2 の海跡湖であり，南東から延びた 7.5 km の砂州と北西から延びた砂州との間の幅約 500 m の水路(湾口)によって，根室湾と通じている。湖の沖合には千島海流(親潮)の分岐流が流れている。湾口は1年を通して開いているため，潮の干満によって海水が出入りをする。一方，湖の北西部には風蓮川，ヤウシュベツ川，ポンヤウシュベツ川の主要3河川が湖内に流れ込んでいる。南方からは別当賀川，第一東梅川，第二東梅川も流入している。このように，風蓮湖は主に湖の北西部から河川水が，南東部から海水が流入する構造を有している。風蓮川，ヤウシュベツ川，ポンヤウシュベツの川幅・流量はそれぞれ 43 m・6.1〜21.0 m^3/s，62 m・15.2〜18.3 m^3/s，11 m・0.1〜1.0 m^3/s であり(北海道立釧路水産試験場, 2003)，最大の流入河川は風蓮川である。風蓮川の集水域面積は約 1,055 km^2 であり，主要3河川の周辺では大規模な酪農業が展開され，乳牛の放牧地や牧草地が湖の北側を中心に広がっている。1998 年の風蓮湖流域の乳牛飼育頭数は 62,600

第2章 亜寒帯汽水湖(風蓮湖)の環境特性と低次生物生産過程の特徴　23

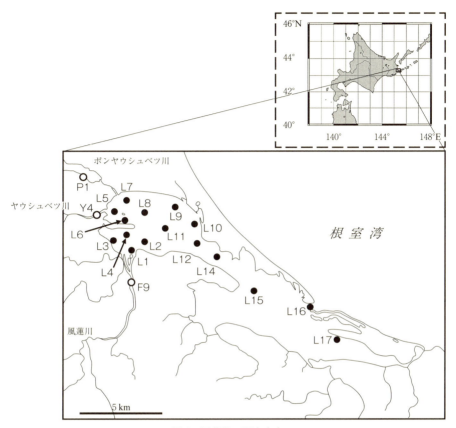

図1　風蓮湖の調査定点

頭に及び(北海道環境科学センター，2005)．現在，乳牛は64,000頭ほど飼育されているといわれている．

　湖内は主要3河川の流入する北西部から湾口の存在する南東部にかけて直線で約15 kmの距離があり，その中間部には湖の西岸から南東方向に向かって延びる岬が存在し，湖を北西部(以降，湖奥部と称する)と南東部(以降，湖口部と称する)にゆるく区分している．風蓮湖の平均水深は澪筋を除いて1.0 mと浅く，最大水深は11.0 mである．湖内では，夏季に海草類のアマモ

(*Zostera marina*)が湖奥部から湖口へかけて澪筋（みおすじ）を除いた領域で広範囲に繁茂する。アマモ場については，過去に湖面積のうち68.7%を占めたことが報告されている(北海道立釧路水産試験場, 2003)。加えて，風蓮湖は冬季(12〜3月)に湖奥部を中心に結氷するといった特性も併せもつ。湖内では通年漁業が営まれており，漁獲としては，アサリ，チカ，コマイ，カレイなどの水揚げが多い。冬季の結氷期間中にはワカサギ漁も展開される。

　風蓮湖のような汽水域では，淡水と海水の混合により特徴的な塩分環境が形成され，塩分の直接的・間接的な影響を受けながら汽水域特有の生物相が維持されることが知られている(Cognetti & Maltagliati, 2000；宮本, 2004)。汽水域は海洋における生物化学的物質循環において陸由来の物質を除去する「フィルター」の役割を担い，河川水由来の溶存・粒状成分の存在は汽水域の高い生産性の維持に寄与している(Humborg et al., 2003)。ところが，過去100年の間に人間活動が急速に進展し，海洋へのリンや窒素の負荷は2倍以上に増大した(Meybeck, 1998)。このような環境変化にともない，汽水域では植物プランクトンがときに大増殖して赤潮が発生し，生物相の変化や漁業環境の悪化を誘引することが報告されている(例えば上, 1993；石飛, 2000)。周辺環境の変化による水質・底質の悪化が懸念されている風蓮湖において，水理構造を理解し，水質・底質の時空間変化について検討をすることは，微細藻類の基礎生産の特徴とその変動要因を明らかにし漁場環境の評価に寄与するにあたり不可欠である。

2.1　水温および塩分の水平・鉛直分布

　風蓮湖の表層水温及び塩分の水平分布について，代表例を図2に示した。塩分は，湖奥部で淡水の影響が大きく，湖口に近づくにつれて塩分が高くなった。調査定点のうち湖口に最も近い位置に設けられた Stn.L16 においては，調査期間中表層塩分が33前後で根室湾のそれとほぼ同等であった。一方，風蓮川河口に設けられた Stn.L1 では期間中 0.15 という最低値が観測された。このように湖内の塩分は河口から湖口にかけて，特に大・中潮の下げ潮時に水平的に大きく異なり，上げ潮時にはその差がほとんど見られず，湖

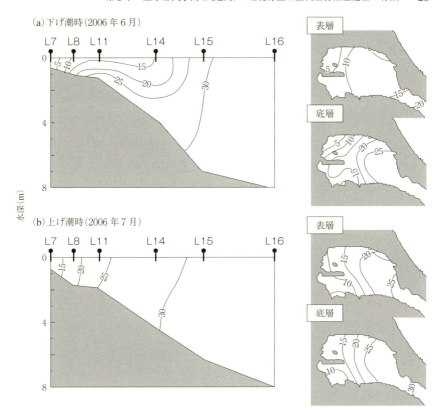

図2 風蓮湖奥部の塩分分布

全域で鉛直混合をしていたと見受けられた。塩分の鉛直分布については，下げ潮と上げ潮時で異なった鉛直構造が確認された。

2.2 栄養塩およびクロロフィル a の時空間的変化

2011～2013年の各態栄養塩(溶存無機態窒素，以後 DIN，リン酸態リン，以後 PO_4-P および DIN/PO_4-P 比)と水中および表層堆積物中の Chl.a の水平分布図の代表例を図3～7に示した。各定点間の表層水中の各態栄養塩は，

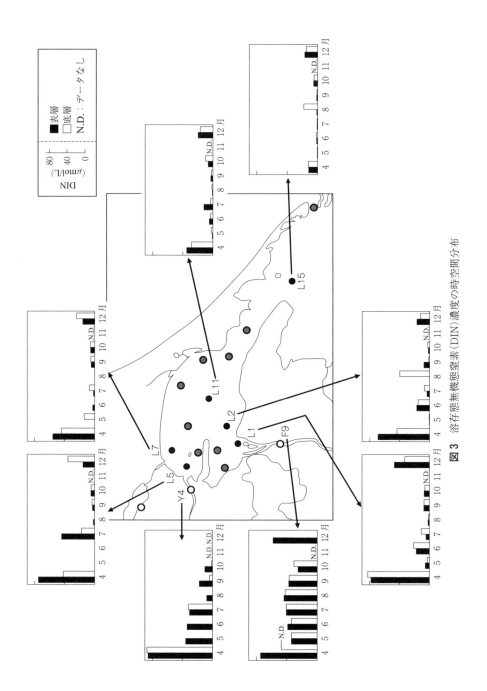

図 3 溶存態無機態窒素 (DIN) 濃度の時空間分布

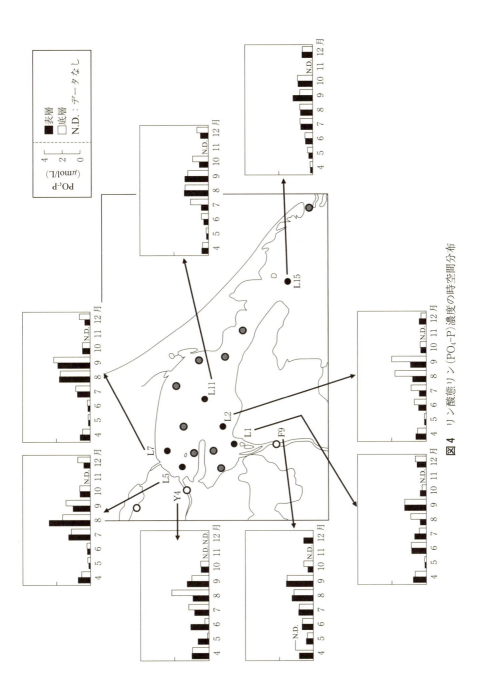

図4 リン酸態リン(PO$_4$-P)濃度の時空間分布

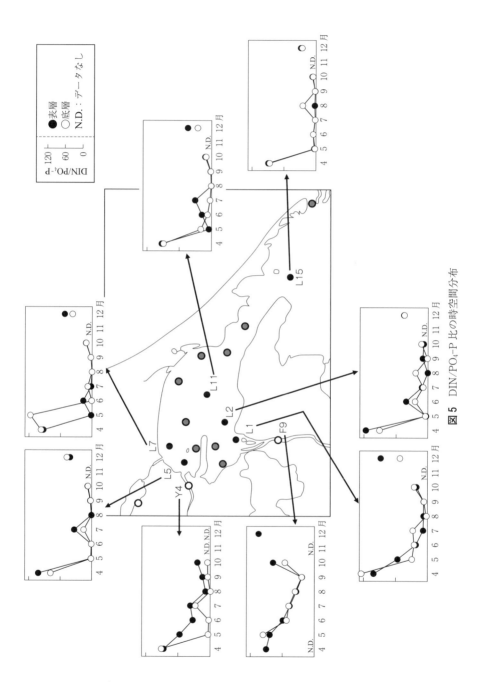

図5 DIN/PO$_4$-P比の時空間分布

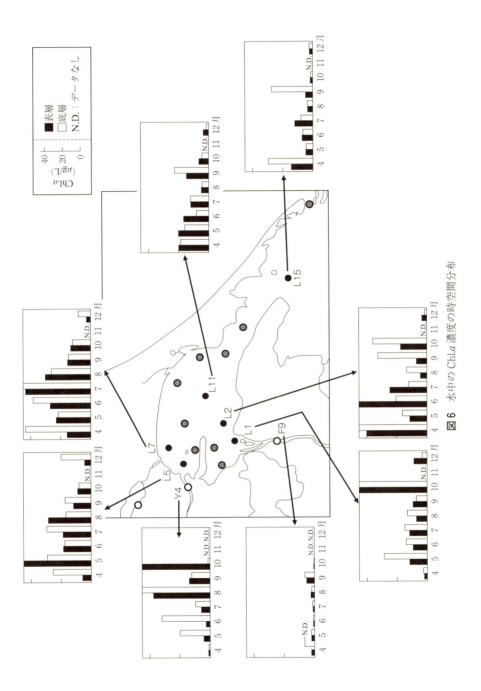

図6 水中のChl.a濃度の時空間分布

図7 表層堆積物中のChl.a濃度の時空間分布

DIN が 2011 年：0.29（8 月）～1.0×10^2 μM（4 月），2012 年：0.10（8 月）～1.6×10^2 μM（4 月），2013 年：0.10（5 月）～87 μM（12 月），PO_4-P が 2011 年：0.050（5 月）～4.3 μM（8 月），2012 年：0.09（5 月）～3.92 μM（8 月），2013 年：0.090（5 月）～7.4 μM（12 月），$Si(OH)_4$-Si が 2011 年：22（7 月）～1.0×10^3 μM（12 月），2012 年：5.5（4 月）～6.2×10^2 μM（9 月），2013 年：4.2（7 月）～4.9×10^2 μM（6 月）の間で変動した。栄養塩は各態ともに河川内および河口付近の定点で高濃度の傾向を示し，湖奥部と比較すると湖口部は低濃度であった。加えて，DIN は夏季，PO_4-P は春季に，比較的低濃度であった。各定点において，栄養塩の表・底層水間での濃度差は確認されなかった。

　湖水中のクロロフィル a（以降，Chl.a）については，調査期間を通して，湖口部より湖奥部で高濃度の傾向を示した。加えて，湖奥部内において河口付近の定点を Stn.L1, Stn.L2 と Stn.L5, L7 の 2 つの水域に大別すると，前者と後者のうち片方の水域でのみ高 Chl.a が確認されるといった，局所的に Chl.a が高い月も存在した。加えて，調査月によっては湖全域で Chl.a が低濃度であった。各年の表層水中の Chl.a は，2011 年：0.10（4 月）～37 μg/L（9 月），2012 年：0.40（10 月）～71 μg/L（5 月），2013 年：0.30（10 月）～24 μg/L（7 月）の間で推移した（図 6）。

　さらに，表層堆積物中の Chl.a は，2011 年：1.2（5 月）～2.3×10^2 μg/g（9 月），2012 年：2.4（4 月）～4.6×10^2 μg/g（4 月），2013 年：0.20（4 月）～1.8×10^2 μg/g（10 月）の間で変動した。調査期間を通して，Chl.a は河口に近い定点ほど高濃度の傾向を示した。一方で，河川内の定点においては周年，湖内と比較して低濃度であった。加えて，調査月によっては河口付近の定点の中で周囲と比較して局所的に Chl.a が高い定点が確認された（図 7）。

2.3　風蓮湖における降水量および潮汐と湖奥部の塩分の水平・鉛直分布の変動の関係

　風蓮湖の特徴のひとつである湖内に形成される塩分の水平・鉛直分布について，河川水の影響を強く受ける湖奥部における塩分の水平分布を中心に，調査当日の潮位および調査前 5 日間の降水量より検討をした。まず，上げ潮

時に調査を行ったのは 2011 年 4，10，12 月，2012 年 7，9，10，12 月，2013 年 10，12 月であった。2011 年について，4，10，12 月の調査前 5 日間にはそれぞれ，合計 65，43，31 mm の降水があった。これに対し，3 回の調査時の表層塩分の水平分布を見ると，4 月に，風蓮川河口で最も塩分が低い傾向が見られた。2012 年の 7，9，10，12 月の調査前 5 日間の合計降水量はそれぞれ 3，0，20，15 mm であった。これら計 4 回の調査のうち，7 月に，風蓮川河口およびヤウシュベツ川河口において低塩分水が確認された。2011，2012 年に対して 2013 年 10，12 月の調査前 5 日間の合計降水量は 81，39 mm であり，両月の調査時には共に湖奥部に塩分の水平的塩分勾配が形成され，10 月においては風蓮川河口付近の塩分が他月と比較して顕著に低く，低塩分域が Stn.L14 にまで及んでいた。2011 年の上げ潮時の調査のうち 4 月には，調査前 5 日間の降水量がほかの 2 月と比較して多かったために，上げ潮時であったにもかかわらず湖奥部に水平的な塩分勾配が形成されたものと考えられた。これに対して，2012 年に関しては，合計降水量の比較的少なかった 7 月に，河口域における顕著な低塩分水が確認された。2012 年の 7，9，10，12 月の調査日前の日別降水量を見比べると，2012 年 7 月には調査日の 9 日前に 57 mm という多量の降水があったことが確認された。7 月の 2 河口域における低塩分水に関しては，57 mm の雨が降ったことにより河川流量の豊富な風蓮川を筆頭に増水し，嵩の増した河川水がその後 9 日間以上かけて持続的に湖内へ流入し続けたことが原因として考えられた。10 月には調査の 15 日前に 47 mm，12 月は 9 日前に 34 mm，8 日前に 24 mm の降水が観測されたが，10 月の調査時には 15 日前の降水による河川水の影響は既に消え，12 月については確日の降水量が 7 月と比較して少なく，河川水の影響が抑えられたと考えられた。そして，2013 年については，10 月は調査前の 5 日間で 81 mm の降水があり，河川水が湖の水平的塩分分布に大きな影響を与えたことが示唆された。

　一方，各年の下げ潮時に調査を行った月について，2011 年の 5 月は湖奥部に目立った塩分勾配が形成されておらず，湖奥部全域が低塩分であった。9 月については湖奥部全域が低塩分であったことに加え，風蓮川河口域に低

塩分水が見られた。そして，2012年については6月，2013年には4，5，11月に，湖奥部内において風蓮川河口付近における低塩分水および水平的な塩分勾配が確認された。これらの観測月のうち，2011年5月，9月は共に調査日の潮位変化が大きく，9月については調査日5日前の多量の合計降水量（71 mm）の影響が付随して，5月と比較して大きな塩分勾配が確認されたものと考えられた。2012年の6月の調査日の潮位変化は2011年と比較して大きくはなかったものの，調査日5日前の降水量（49 mm）の影響により河川水が増水し，湖内に流入したことで湖奥部が低塩分化したと考えられた。そして，2013年について，4月には調査前5日間の降水が観測されなかったが，調査日の潮位変化が大きく，湖内へ最大限に河川水のインパクトがもたらされたものと考えられた。5月は潮位変化が大きく，かつ調査前5日間に降水もあったために，4月と比較して，Stn.L14付近まで河川水の影響が及んだと考えられた。11月の調査時には潮位変化はそれほど大きくなかったものの，降水の影響により湖奥部の塩分が低下したと考えられた。

　門谷ほか（2011）においては風蓮湖の淡水―塩水の混合形態は潮汐に依存するという指摘がなされていた。加えて，これまでに述べてきた本研究の調査期間における湖内の塩分の水平分布については，以下のことが示唆された。すなわち，①上げ潮時，風蓮湖内の塩分は水平・鉛直的に高い塩分分布を呈するが，50 mm以上の降水があると，降水後およそ10日間は降水の影響により湖内の表層塩分は低下する。②下げ潮時の塩分分布は潮位変化が大きいほど湖奥部の河口付近の塩分は低下し，降水量の増加にともないその傾向がより強まる，あるいは，潮位変化が比較的小さい場合でも，降水量の影響が存在すると湖内の特に湖奥部の塩分は低下する傾向にある，といった2点である。塩分の鉛直分布については，上記の①および②それぞれの条件下において，風蓮川河口から湖口にかけての表層塩分の水平勾配が大きいほど，特に河口付近の定点において水柱が成層する傾向が確認された。

2.4　塩分を指標とした栄養塩およびクロロフィル*a*の挙動

　塩分と各態栄養塩との関係について，年ごとに図8～10に示した（辻・門谷，

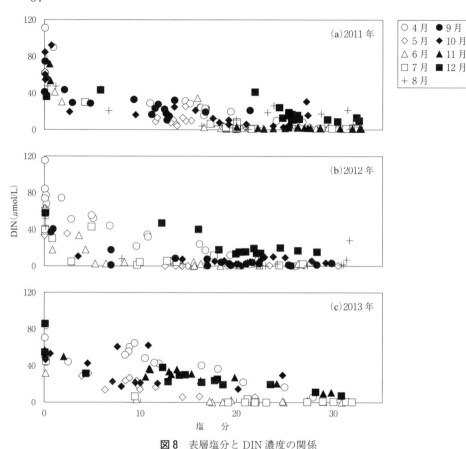

図8 表層塩分とDIN濃度の関係

2016)。河川由来の高濃度の栄養塩が海水と希釈混合しているだけであれば，栄養塩濃度は塩分が高まるほど，河川水における濃度値から海水における濃度値に直線的に変化する(Burton & Liss, 1976)。この点を踏まえて塩分と各態栄養塩とを比較すると，ケイ酸態ケイ素(以後，$Si(OH)_4$-Si)は各年・各月とも直線的な関係性が見られた。一方，DINについては塩分が高まるにしたがいその濃度が急激に減少し，その後塩分値がさらに高まっても濃度は一定値を維持する，といった傾向を示す月が各年を通して多く見られた。PO_4-P

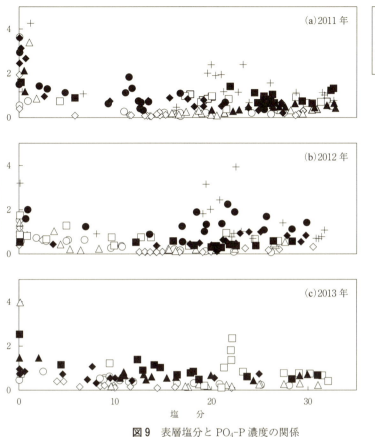

図9 表層塩分と PO_4-P濃度の関係

についても塩分が高い定点ほどその濃度が低い傾向が各年を通して見られたが，DINにおいて見られた挙動との相違点として，塩分が0，すなわち河川水中に高濃度に存在していた PO_4-Pが，塩分が比較的高い定点においてはその濃度がDINよりもさらに急激に低くなった．すなわち，湖内における PO_4-P濃度は，DINと比較して，河口付近から湖口にかけての濃度勾配が小さい傾向を有していた．

調査期間を通した塩分とChl.aとの関係を年ごとに図11に示した．Chl.a

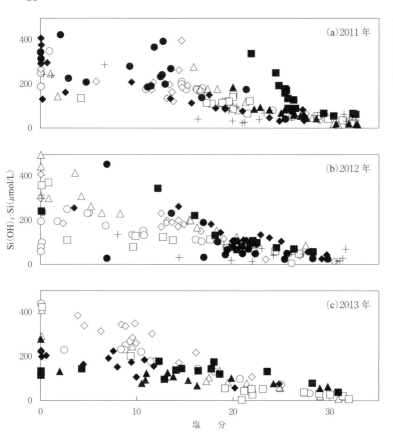

図10　表層塩分とSi(OH)$_4$-Si濃度の関係

は，各年において塩分15〜20で高濃度といった特徴的な挙動を示し，この傾向は門谷ほか(2011)と一致した。塩分に対するDINやPO$_4$-Pの上述した挙動については，塩分15〜20付近におけるChl.aが高濃度であったことを踏まえると水中の微細藻類による消費によるものと推察された。

2.5　粒状有機物とクロロフィルaとの関係

調査期間を通したChl.aと懸濁態有機炭素(POC)との関係を年ごとに図12

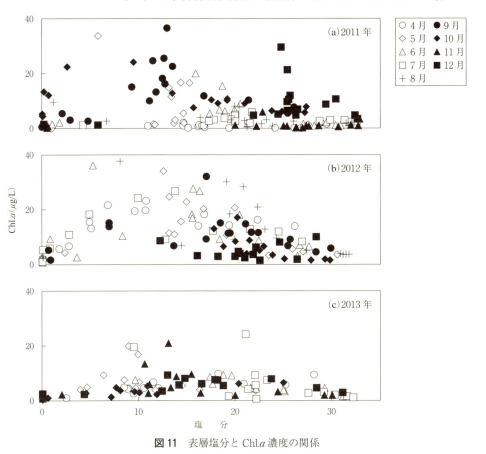

図11 表層塩分とChl.a濃度の関係

に示した。どの年においても、Chl.aとPOCとの間に正の相関関係が見られた月が半数を占め、湖内の粒状有機物濃度に対して水中の微細藻類の現存量が影響を与えていると考えられた。

各年、月ごとのC/Chl.a比を算出したところ、2011年：22(7月)〜865(4月)、2012年：17(10月)〜61(7月)、2013年：8.0〜78の範囲でそれぞれ変動した。C/Chl.a比については、植物プランクトンは10〜90の値をとるという報告が存在する(Eppley et al., 1977)。加えて、底生微細藻類のC/Chl.a比は

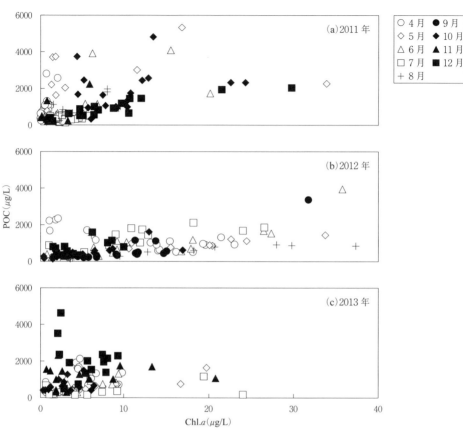

図12 懸濁態有機炭素(POC)濃度とChl.a濃度の関係

10.2~153.9の値をとるという報告もあり(de Jonge, 1980)，陸域由来の有機物や海草類は炭素含有率が比較的高いことから，風蓮湖においては，湖内の粒状有機物濃度は複数の供給源に由来するものと考えられた。このことに対して，水中のC/N比については，2011~2013年にかけて概ね8~10の値をとった。C/Chl.a比より考えられた複数のPOC供給源について，植物プランクトンはC/N比が概して6.6と知られているのに対し，底生微細藻類は7~9(例えばMontani et al., 2003)，沿岸域の海草類は中央値で18.3(Atkinson &

Smith, 1983），森林植物では 20（Philip, 1994）といった各文献値の値と比較すると，風蓮湖内の POC 供給源としての微細藻類の役割が大きいことが示唆された。

2.6 栄養塩が湖内の微細藻類の増殖に及ぼす影響

調査期間を通した各態栄養塩および DIN/PO$_4$-P 比（N/P 比）と Chl.a との関係を年ごとに図 13 に示した。どの年においても各態栄養塩と Chl.a との

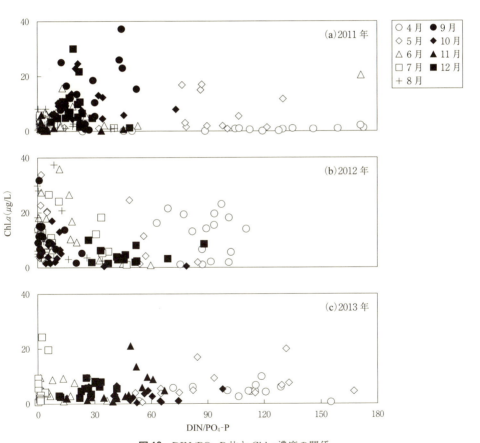

図 13 DIN/PO$_4$-P 比と Chl.a 濃度の関係

間の関係性は確認されず，Chl.a が各態栄養塩の濃度に依存しているとは考えにくかった。

　一方，N/P 比と Chl.a との関係を見てみると，N/P 比は各年の月によってはその値が 100 を上回り，このように N/P 比が非常に高い定点においては Chl.a が低い傾向が見られた。例として，2011 年の調査日前 5 日間の降水量が比較的多量であった 9 月は，塩分 15～20 の範囲においてほかの月と比較して高濃度の Chl.a (37 μg/L) が確認されたが，調査前に同程度の降水量が多量であった 4 月は，どの定点においても低い Chl.a が確認された。各月の N/P 比を比較してみると，4 月の N/P 比が 9 月よりも湖全域で高い傾向にあり，栄養塩が豊富に存在する河口域において水中の微細藻類の生産を制限した要因のひとつとして高い N/P 比が考えられた。

2.7　水柱および堆積物表層における微細藻類の生物量の比較

　前項において記した通り，調査期間を通して，各月の水柱および堆積物表層の Chl.a について積算をすると，それぞれ 0.10～130 mg/m^2，0.10～950 mg/m^2 であった。水柱の Chl.a，すなわち水柱の微細藻類の生物量については，水深の比較的深い Stn.L14，L15，L16 の生物量が水深の比較的浅い湖奥部の生物量を上回る傾向が見られた。その一方で，湖奥部の微細藻類の生物量はときに湖口部に匹敵，もしくは上回る場合も確認された。堆積物表層の微細藻類の生物量については，河川内，および Stn.L11 や Stn.L12 といった湖奥部の諸定点のなかでも比較的水深の深い定点において比較的少なく，河口付近や Stn.L4 および Stn.L3 において豊富な傾向を示した。温帯域の水深 5 m 未満の浅海における底生微細藻類の現存量は平均 78±69 mg/m^2 と報告されており (山口，2011)，本研究において明らかとなった風蓮湖の底生微細藻類の生物量はときに文献値を大きく上回るものであった。

　風蓮湖においては，陸由来の豊富な栄養塩が水中の微細藻類の生物量を支持していると考えられた。その一方で，河川水により湖内に供給される栄養塩濃度は DIN を筆頭に各態ともに高濃度であり，河口付近では N/P 比により水中の微細藻類の生長が妨げられ，Chl.a は N/P 比が低下する塩分 15～

20 で高濃度になることが示唆された。一方，堆積物表層においては底生微細藻類がときに水柱内の微細藻類の生物量を上回るほどの生物量を呈した。降水や潮汐の影響により塩分の水平・鉛直分布が変わる風蓮湖においては，底生微細藻類が再懸濁をはじめとするイベントを通して水中に輸送され，水中においてもその有機物濃度にも大きく寄与している可能性が考えられた。

3. 風蓮湖における微細藻類の出現特性と種組成の時空間変動

　海洋の主要な基礎生産者である植物プランクトンは，海域ごとに固有の物理化学環境(水温・塩分・栄養塩・日射)のもと，その種組成および現存量が異なる(例えば Erga & Heimdal, 1984；Kirst, 1989；大谷，1997；Floder, 2004)。海洋，特に物理化学環境が外洋域と比較して時空間的に大きく変動するといった特性を有する沿岸域においては，基礎生産の定量化に際して植物プランクトンの出現特性や種組成の時空間変動について解析し，湖内の基礎生産変動との関係性を明らかにすることが必要であると考えられる。

　加えて，水深の浅い沿岸域においては，風や潮汐などの影響により堆積物表層の懸濁物が水柱内に舞い上がる「再懸濁」と呼ばれる現象が知られている。この現象により，堆積物表層に生息する底生微細藻類が水柱に浮遊することで，ときに水柱の基礎生産に大きく寄与するという報告が存在する(木戸，2011)。本研究の対象水域である風蓮湖においても，その平均水深が1mと非常に浅いことから，底生微細藻類もまた水柱の基礎生産と強い関わりを有する可能性が考えられた。

　そこで本節では，風蓮湖における微細藻類の出現特性と種組成の時空間変動について明らかにする。具体的には，次に述べるふたつの実験および調査を行った。ひとつは，塩分を指標とし，塩分の異なった複数の表層水試料を用いた屋外培養実験である。加えてもうひとつは，湖の複数定点を対象とした微細藻類の種組成および現存量の調査である。

3.1 実験・調査の概要

前節における 2011 年 10 月の定期調査時に，Stn.F9，Stn.L2，Stn.L7，Stn.L12，Stn.L15 の表層水をポリボトルに採取し，クーラーボックスに保管して一定温度・遮光下で研究室へ持ち帰った。研究室において各定点の水試料 1 L を孔径 315 μm のプランクトンネットで濾過し，予め洗浄処理がなされた 1 L ポリカーボネイトボトルを 2 回濾液で共洗いした後，ポリカーボネイトボトルに濾液 1 L を入れた。これを培養試料とし，ひとつの定点に対してひとつの培養試料を作製し，計 5 試料を用意した。その後培養試料を屋外天空光下に静置し，調査の翌日を実験 1 日目として，10 日間の培養実験を行った。培養期間中は 1 日に 1 回，必ず全培養試料それぞれをゆっくりと撹拌し，各ボトル内の懸濁物が沈澱したままの状態にならないようにした。実験 1 日目，4 日目，7 日目，10 日目を試料の採取日と定めた。加えて，アメダス観測地点・札幌より，実験期間中の気温および日射量に関するデータを取得した(気象庁 HP：http://www.jma.go.jp/)。

前節に示した実験日各日には，5 つの培養試料それぞれから Chl.*a*，栄養塩，微細藻類の細胞数計数と種同定のための水試料をサブサンプリングした。

Chl.*a* および栄養塩の分析方法は前章と同様の手法によった。微細藻類の細胞数計数・種同定については，実験日各日に培養ボトルから試料 50 mL をファルコン管に移し，ルゴール溶液を加えて試料を固定し，2 日間以上静置して試料内の懸濁物を沈澱させた。その後，ゴムチューブを用いたサイフォンにより各試料の上澄み液を静かに取り除き，試料を濃縮した。濃縮の最終過程においては，試料を 10 mL のスピッツ管に移し，遠心分離(3000 rpm，15 分間)により沈殿物を完全に上澄み液と分離させた。試料の検鏡に際し，スピッツ管内の試料が 0.2 mL になるまで駒込ピペットを用いて上澄み液を取り除き，血球計算盤(菱垣理科工業製，TATAI 式血球計算盤)を用いて計算盤 1 室(容積 0.0025 mL に相当)あたりの細胞の計数を行った。計数にあたって，細胞内にクロロフィル色素が見受けられない細胞については計数値に含めず，クロロフィル色素を有し，かつ細胞が 3 分の 2 以上残存していた細胞を計数対象とした。計数をした細胞数については，以下の計算式にもと

第2章 亜寒帯汽水湖(風蓮湖)の環境特性と低次生物生産過程の特徴　　43

づいて 1 mL あたりの細胞数に換算した。

　　細胞数(cells/mL)

　＝計数値×(濃縮後の試料容積(mL)/濃縮前の試料容積(mL))[1]×400[2]

　　　[1]：試料の濃縮率，[2]：容積 1 mL あたりの細胞数への換算値

　微細藻類の同定および分類は，福代ほか(1990)，山岸(1999)，小林ほか(2006)によった。加えて，各実験日・各試料の種組成および細胞数の換算結果より，Shannon-Weaver の多様度指数(H′)を以下の式にもとづき算出した(Margalef, 1958)。

$$H′ = -\Sigma p_i \times \log_2 p_i (p_i = n_i/N)$$

　　n_i：i 番目の種の個体数(細胞数)，N：ΣNi に等しく，総個体数(細胞数)

　細胞体積算出の一例として，本調査で出現が確認された渦鞭毛藻類(*Heterocapsa triquetra*)の細胞体積の算出過程について以下に示す。Hillebrand et al.(1999)によれば，本種はふたつの三角錐の底面それぞれを合わせたような"2 cones"型の細胞形態を有していることから，細胞体積の算出には，以下の 2 cones 型の細胞体積算出式を用いた。

$$細胞体積(\mu m^3/cell) = (\pi/6) \times d^2 \times z$$

　　d：細胞直径(μm^3)，z："cone"(三角錐)の高さ(μm^3)

3.2　実験期間を通した光量，栄養塩の変化と多様度指数の関係

　実験 1 日目から 10 日目にかけての，各定点の培養試料中の DIN および PO_4-P と H′ との関係を図 14 に示した。Stn.L7 および Stn.L12 の H′ は DIN および PO_4-P との正の相関が確認されたが，Stn.F9，Stn.L2，Stn.L15 では確認されなかった。Stn.L7，Stn.L12 の両培養試料は他定点の培養試料と比較して，培養の日数が経過し培養ボトル内の微細藻類が栄養塩を消費して光合成を続け，ボトル内で優占的に生長をした種と生長をしなかった種とが分かれたために多様度も減少したと推察された。

　また，実験期間中の 1 日あたりの日射量は 2.5〜11 MJ/m^2 の間で変動し，実験 7 日目から 10 日目にかけての各日の日射量は 9.6〜11 MJ/m^2 と比較的高い値が続いた。実験 7 日目から 10 日目にかけては 5 定点の培養試料すべ

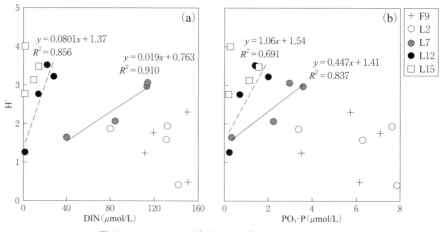

図14 DIN，PO_4-P 濃度と生物多様度指数 H' の関係

てのChl.a活性(クロロフィルaとフェオ色素の総濃度に対しクロロフィルa濃度が占める割合で表される割合値)が高まり，すべての培養試料において光合成が活発化したことが示唆された。Stn.F9およびStn.L2のChl.a活性を実験1日目と10日目とで比較すると，他試料と比較して日射量により強い影響を受けたと考えられた。

10日間の屋外培養実験を通して以下の2点が確認された。①それぞれの各試料における実験初日および10日目の優占種の定点間の相違は，風蓮湖内の試料採取時の塩分の水平分布を反映していた　②今回の実験対象とした5定点について，Stn.F9，L2(塩分0.06，0.92・高栄養塩濃度)，Stn.L7，L12(塩分15.66，18.17)，Stn.L15(塩分23.75・低栄養塩濃度)の塩分が異なる3定点群間のH'は，太陽光と栄養塩濃度の影響を受けてそれぞれ異なる変動を呈した。加えて，実験初日と10日目の各定点の培養試料における優占種を比較すると，どの試料においても好適塩分が同じ種が優占種であったものの，最多の細胞数が確認された種が初日と10日目とで異なっていた。このことから，風蓮湖に生息する微細藻類は，豊富に存在する栄養塩のもと光環境の変化に応じた生長特性を有することが示唆された。栄養塩濃度の減少もまた種組成の変

動に影響を与えた可能性についても可能性が考えられた。

各試料において確認された微細藻類の増殖に対する栄養塩濃度の挙動について さらに検討するため（微細藻類の増殖分に相当する栄養塩が消費されているか？），各定点の培養試料における，実験日間の DIN および PO_4-P の濃度減少値より Chl.a 収量を推算した。

実験初日から 4 日目にかけては，実験 4 日目の Chl.a は PO_4-P 減少値より算出された Chl.a 収量値を下回った。これについては，実験初日から 4 日目にかけて光量が不足し，微細藻類の増殖が光律速下にあったものと考えられた。次に，実験 4 日目から 7 日目の期間については，実験 7 日目の Chl.a に対し，実験日間の Chl.a 増加値はどの試料についても近い値を示した。これらの値を DIN および PO_4-P の減少値より算出した Chl.a 収量値と比較すると，明確な関係は確認されなかったものの，実験初日から 4 日目の期間よりも微細藻類が栄養塩を消費して増殖した傾向が見られた。そして実験 7 日目から 10 日目の間では，実験 10 日目の Chl.a および実験日間の Chl.a 増加値に対し DIN および PO_4-P の減少値より算出した Chl.a 収量値は特に Stn.L7，Stn.L12，Stn.L15 の 3 試料において極めて近い値を示した。Stn.F9 および Stn.L2 の試料では，DIN および PO_4-P の減少値より算出した Chl.a 収量値は実験 10 日目の Chl.a および実験日間の Chl.a 増加値を上回った。このうち，Stn.F9，Stn.L2，Stn.L7 の 3 試料においては，3 期間のうち最大の Chl.a 収量値が確認された。実験 7 日目から 10 日目は他 2 期間と比較して光量が豊富であり，5 試料のうち比較的栄養塩濃度の高い Stn.F9，Stn.L2，Stn.L7 の 3 試料において微細藻類が盛んに光合成をしたものと考えられた。しかしながら，Stn.F9 および Stn.L2 の試料では，実験 10 日目にかけて消費された栄養塩量に対して Chl.a が低濃度であった。これについては，ボトル内で微細藻類が過増殖したことによるシェーディング効果や種間効果の発現が考えられた。一方，Stn.L7，Stn.L12，Stn.L15 の 3 試料では，光律速の状態を脱し，微細藻類がボトル内の栄養塩を利用して盛んに光合成を行ったものと推測された。しかしながら，最も湖口に近い定点である Stn.L15 の試料では他 2 期間と比較して増殖が活発化したとは考えられなかった。これについては，試

料中の栄養塩濃度が他試料と比較して低いために，栄養塩濃度により微細藻類の光合成は律速されていたものと考えられた。

以上のように，Chl.a 収量の推算を通して，風蓮湖内の栄養塩濃度の時空間変化は光量と同様に微細藻類の増殖に影響を有することが示唆された。

3.3 調査時の優占種の遷移とその要因

調査を行った各月の各定点の結果より，風蓮川河口の Stn.L2，ヤウシュベツ川河口の Stn.L7，および湖口付近の Stn.L15 の計3定点について，調査期間中の各月に定量した Chl.a に対する優占種のそれぞれの Chl.a を図15に，N/P 比および Si/P 比と併せて示した。調査期間中は N/P 比および Si/P 比が各定点において時間的に大きな変動を示し，N/P 比が種組成に大きな影響を及ぼしていた可能性が考えられた。加えて，本現場調査においては，塩分と種組成との間に関係性は見られなかった。

風蓮湖においては，前述した屋外培養実験で見られたような塩分によって異なった優占種の出現については確認されず，調査日ごとの N/P 比については優占種の変化に対し影響をもつ可能性が考えられた。一方，2011年の

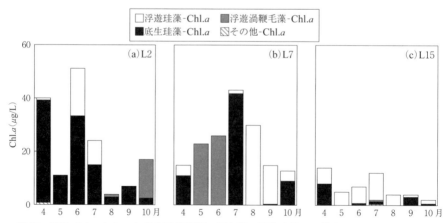

図 15 植物プランクトンと底生微細藻類の優占種の細胞容積から推定した Chl.a と N/P，P/Si 比

第2章　亜寒帯汽水湖(風蓮湖)の環境特性と低次生物生産過程の特徴　47

屋外培養実験では現場調査では得られなかった光に対する微細藻類の応答を確認することができ，各態栄養塩が高濃度に存在する風蓮湖において微細藻類は光環境の変動の影響も受けながらその基礎生産を変動させることが示唆された。実際の環境について考慮すると，水中の微細藻類は潮汐や河川水の影響による湖水の動態により受動的に湖内を輸送され，その動態にともなって変化する栄養塩濃度が種組成の変化に影響を及ぼす可能性も考えられた。

　そして，水中における植物プランクトンおよび底生微細藻類の出現比率については，調査結果を通して定点および月によって変動は見られるものの，風蓮湖においては底生微細藻類が水中の微細藻類の現存量に大きく寄与している可能性が示唆された。

4. 風蓮湖の水柱・堆積物表層における基礎生産の定量化

　水深が浅く堆積物表層まで光が到達する沿岸域では，植物プランクトンに加え，底生微細藻類が基礎生産に大きく寄与しているとの報告が存在する(例えばGillespie et al., 2000；山口，2011)。本研究の対象水域である風蓮湖に関しては，前述したように，水深の比較的浅い湖奥部において確認された水柱および堆積物表層の高濃度のChl.aに対し，水柱の微細藻類の細胞数および種組成の調査を通して，水柱内の基礎生産には再懸濁によって堆積物表層より浮遊した底生微細藻類が大きく寄与していると推測された。そこで本章では，水柱内では植物プランクトンと底生微細藻類の両者が共に基礎生産に寄与し，堆積物表層においても，底生微細藻類は光量に応じて水柱と同様の基礎生産速度をもってその基礎生産に寄与しているものと仮定した。そして，風蓮湖における水柱および堆積物表層の基礎生産を定量化するという目的に対し，湖内より塩分を指標として複数の水試料を採取し水中の微細藻類による基礎生産の実測実験を行うことによって，両域における微細藻類の基礎生産速度および同化指数の推定をし，湖内の基礎生産の時空間的評価を試みた。

　実験に際して，各月に採取した4つの水試料のうち，500 mLをそれぞれ孔径315 µmのプランクトンネットで濾過して大型の動物プランクトンを取

り除いた後，寒冷紗，もしくは黒色のビニールテープを利用して光量を100％，50％，25％(2012年については30％)，0％に設定した1Lポリカーボネイトボトルに注加し，各試料ボトルに50 µM NaH^{13}CO$_3$ 2 mLを加え，実験を行った。培養時間は24時間とし，2012年は屋内の天空窓下に設けられた，風蓮湖沖より随時汲み上げられる海水を濾過したもので満たされた培養水槽内で培養を行った。2013年については室内の白熱電球を光源とし，水道水で満たした培養水槽を新たに用意し，かつ明暗周期を12L：12Dと定めて実験をした。2012年の培養水槽内水温は，風蓮湖沖の海水に準じて現場水温と類似の水温であったが，水温は昼夜の変化に応じて変動した。2013年の培養水槽内水温は培養前に恒温水循環装置(東京理化製，CTP-1000)を用いて予め現場水温になるよう調整し，培養中についても恒温水循環装置を稼働させ続けて水温を一定に維持した。

加えて，2013年12月には，Stn.L14付近の走古丹港より表層水試料を採水して研究室に持ち帰り，9段階の光量を設け，4時間の予備的培養実験を行った。光源にはメタルハライドランプ(岩崎電気株式会社製，岩崎 PAR38 M150P38SD)を使用し，恒温循環水槽を用いて水温を一定(5℃)に維持した。水試料は各月の培養実験と同様に予め孔径315 µmのプランクトンネットで濾過し，500 mLの透明な塩化ビニル製容器に500 mLを入れ，培養に供した。

4.1　実験時の試料の採取と分析，およびデータの取り扱い

培養実験時の試料は，培養前後の栄養塩(DIN, PO$_4$-P, Si(OH)$_4$-Si)，培養後のChl.*a*，培養前後のPOCおよびPOCの炭素安定同位体比 δ^{13}C を分析した。POCおよびPOCの δ^{13}C の分析については，安定同位体比質量分析システム(サーモサイエンティフィック製，Delta-V)を用いて行った。

得られたPOCとPOCの δ^{13}C より，Hama et al.(1983)にもとづいて各月・各水試料の基礎生産速度(mg C/m^3/h)を算出した。算出過程について以下に記す。

① Parsons et al.(1984)に基づき，現場の全無機炭酸濃度(TIC)を塩分値か

ら算定

$$\text{TIC} = (S \times 0.067 - 0.05) \times 0.96$$

TIC：全無機炭酸濃度(mM)，S：塩分

② Hama et al.(1983)より，基礎生産速度(P)を算出

$$P = \frac{\Delta C}{t} = \frac{C \times (a_{is} - a_{ns})}{t \times (a_{is} - a_{ns})}$$

P：炭素の同化速度(mg C/m^3/h)，ΔC：培養によって増加したPOC(mg C/m^3)，t：培養時間(h)，C：培養後のPOC(mg C/m^3)，a_{is}：植物プランクトンに取り込まれた炭素中の^{13}C存在比(atom%)，a_{ns}：現場海水におけるPOC中の^{13}C存在比(atom%)(培養前のPOCのa_{is}に相当)，a_{ic}：NaH^{13}CO$_3$を添加した水試料における全無機炭素中の^{13}C存在比(atom%)

このとき，a_{ic}は以下の式より算出をした。

$$\frac{(\text{TIC(mM)} \times a_{ns}(\text{atom\%})/100) + (^{13}\text{C(mM)} \times {}^{13}\text{C(atom\%)}/100) \times 100(\text{atom\%})}{(\text{TIC(mM)} + {}^{13}\text{C(mM)})}$$

^{13}C(mM) = 0.2(mM)，^{13}C(atom%) = 99(%)

③ 求めたPに濃縮係数を乗じて，基礎生産速度を算出

$$P^* = \frac{\Delta C}{t} \times f = \frac{\Delta C}{t} \times 1.025$$

P^*：基礎生産速度(mg C/m^3/h)，f：濃縮係数(discrimination factor)：1.025

引き続き，算出した2013年各月の基礎生産速度と培養後のChl.aより，湖内で観測した光量値を用いて光合成—光曲線を作成した(Falkowski & Raven, 1997)。

$$\text{P}^{\text{B}} = \text{P}^{\text{B}}{}_m \times \tan h ((\alpha \times I)/\text{P}^{\text{B}}{}_m)$$

P^{B}：同化指数(単位時間あたりの微細藻類の生産速度)(mg C/mg Chl.a/h)，P$^{\text{B}}{}_m$：最大の同化指数(各水試料の100%光量実験値を使用)(mg C/mg Chl.a/h)，α：光合成—光曲線の初期勾配((mg C/mg Chl.a/h)/(μmol photons/m^2/s))，I：培養時の光量子密度(μmol photons/m^2/s)

4.2 調査時の光量子密度の時空間変化

2013年の調査期間を通した表層水および底層水中の光量子密度について

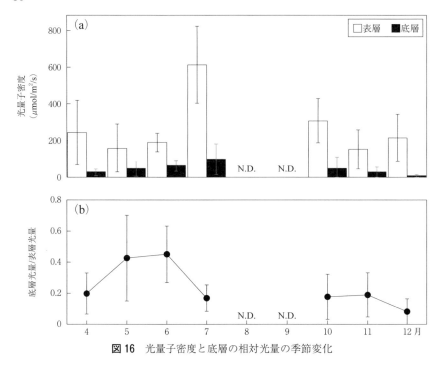

図 16 光量子密度と底層の相対光量の季節変化

図16に示した。各月の観測時に得られた表層水中の平均光量子密度(μmol photons/m²/s) は，4月：249±178，5月：162±132，6月：192±51，7月：624±213，10月：313±123，11月：156±108，12月：219±130 であった。表層水における最大光量子密度は7月に観測された(1,027 μmol photons/m²/s)。また，図16には，全調査定点のうちStn.L14，Stn.L15，Stn.L16，およびStn.P1 を除いた河川2定点および湖北西部の水深の浅い定点についての表層光量に対する底層光量の割合についても平均化して示した。湖内でも比較的水深の浅い湖北西部では，底層に到達する光量がときに表層の半量に達することが明らかとなった。

4.3 実験期間を通した水中の微細藻類の基礎生産速度

培養実験より，実験期間中の水中の微細藻類の基礎生産速度は，2012年：$2～2×10^2$ mg C/m^3/d, 2013年：$2～4×10^2$ mg C/m^3/dと算出された。生産速度は夏季に比較的高い値を確認したものの，河口で採取した試料は周年低い値を示した。また，実験期間を通して，塩分値が高い試料ほど比較的基礎生産速度の値が高い傾向が確認された。同化指数については，2012年：0.1～0.8 mg C/mg Chl.a/h, 2013年：0.1～1.6 mg C/mg Chl.a/hの範囲で変動した。

実験期間を通して得られた，各月の光合成—光曲線の一例を図17に示した。各月のP^B_m (mg C/mg Chl.a/h)は次の通りであった(2012年については5, 8, 10月のみ)。2012年：5月：0.1～0.2, 8月：0.1～0.2, 10月：0.03～0.04, 2013年：4月：0.4～0.5, 5月：0.03～0.9, 6月：0.2～0.5, 7月：0.4～1.8, 10月：0.06～0.2, 11月：0.2～1.0。同化指数に季節的変化は確認されなかった。

4.4 風蓮湖内の光環境の特徴とその時空間変動

観測された湖内の光量子密度について，湖奥部の観測値を用いて算出した

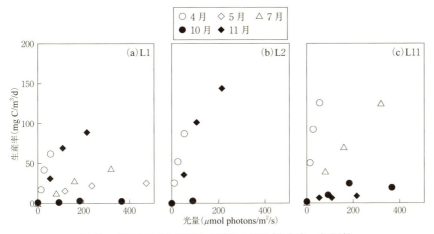

図17　光量子密度と基礎生産速度の関係(光合成—光曲線)

光の減衰係数 k を図 18 に示した。算出式は以下の通り (Chatterjee et al., 2013)。

k = (ln(Surface PAR) − ln(Bottom PAR))/Depth

Surface & Bottom PAR：表・底層水中の光合成有効放射(μmol photons/m^2/s), Depth：水深 (m)

加えて，植物プランクトンが関与する光の減衰係数 k′ を以下より算出した (Riley, 1956)。

k′ の算出結果については，k と併せて図 18 に示した。

k′ = 0.040 + 0.0088(Chl) + 0.054(Chl)$^{2/3}$

Chl：表層水中の Chl.a (μg/L)

湖奥部の k の平均値は月によって 0.8〜3.6 の間で変動した。k が 1 を上回

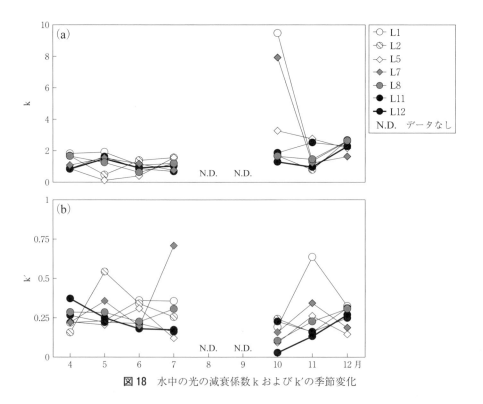

図 18 水中の光の減衰係数 k および k′ の季節変化

第 2 章　亜寒帯汽水湖 (風蓮湖) の環境特性と低次生物生産過程の特徴　53

る水域は植物プランクトンのブルームと比較して濁度による底層への光の遮蔽効果が大きいといわれている (Yamaguchi et al., 2007)。k に対して, 植物プランクトンによる光の遮蔽を示す k′ は月によって 0.2〜0.3 の間で変動し, その値はすべての月において k よりも小さく, 風蓮湖においては濁度による底層への光の供給阻害が植物プランクトンによるものと比較して大きな影響を有することが明らかになった。

4.5　水中の基礎生産速度の時空間変動とその要因

　生産速度は同定点においても月によって大きく異なった。生産速度の高い試料について各態栄養塩の培養前後の濃度変化を見てみると, DIN や Si (OH)$_4$-Si と比較して PO$_4$-P の濃度の減少が確認され, 付随して, 培養前試料の N/P 比と比較して培養後の N/P 比が高まっていた。このような, 高生産かつリンを比較的多量に消費した水試料については, 培養前の Chl.a がほかの月と比較して高濃度の傾向が見られた。すなわち, 培養ボトル内の微細藻類の生物量の多寡が, 基礎生産速度に影響を与えていたことが示唆された。

　まず, 各月の光合成―光曲線に対し, 前項で取り上げた Stn.L1, Stn.L2, Stn.L11 各定点について水中の基礎生産量の推算を試みた。推算の手順としては, まず, 各月・各定点の光合成―光曲線に対して各定点で観測された表・底層水における光量子密度をあてはめて各層の同化指数を推定した。続いて, 推定した各層の同化指数に対し各層の Chl.a の定量値を用いて単位時間あたりの水柱積算基礎生産量 (g C/m^2/d) を求めた。

　そして, これまでに述べてきた風蓮湖の水中における微細藻類の出現特性より, 底生微細藻類は風蓮湖の水中へ高頻度に輸送され水中の基礎生産にも寄与していると仮定し, 各月の光合成―光曲線は植物プランクトンと底生微細藻類両者の生産速度を表しているものととらえ, 各月の底層水における光量子密度を各月・各定点の光合成―光曲線にあてはめて推定した同化指数を堆積物表層の底生微細藻類の同化指数として応用した。そして, 堆積物表層における単位面積あたりの底生微細藻類の生物量 (mg Chl.a/m^2) を用いて, 単位時間あたりの堆積物表層における基礎生産量を求めた。

推算の結果，各定点の水柱積算基礎生産量(①)および堆積物表層における
基礎生産量(②)(g $C/m^2/d$)は，Stn.L1：① 0.001～0.1，② 0.2～1，Stn.L2：①
0.02～0.1，② 0.4～2，Stn.L11：① 0.003～0.1，② 0.01～0.6 の間でそれぞれ
変動をした。どの定点においても堆積物表層の基礎生産量は水柱の積算基礎
生産量を上回り，また月ごとに大きく変動した。

　各定点の水柱積算基礎生産量および堆積物表層における基礎生産量の推算
結果のうち，4月と11月について図19に示した。図19には，表層水中の
Chl.a 及び堆積物表層の Chl.a についても併せて示した。両月の水柱基礎生
産について比較・検討していく。

　まず，両月の水柱積算基礎生産量は定点ごと・月ごとに大きく異ならな
かった。Ryther(1969)では陸棚域における年間平均基礎生産量は 100 g $C/$
m^2/y と推定されており，この値から陸棚域における1日の平均基礎生産量
を 0.3 g $C/m^2/d$ と仮定すると，両月の水柱基礎生産量は平均値を下回った。
これに関して，風蓮湖では，高濃度の栄養塩が河川を通じて湖内に負荷され
ることから水中の植物プランクトンは第一に光量の多寡によって光合成を制
限されると考えられる。湖内の調査では，ときに流入河川の河口域で植物プ
ランクトンのブルームが目視により確認されている(辻ほか，未発表)。した
がって，現場環境下において植物プランクトンは湖内の光環境の変動に呼応
して生産速度を大きく変動させていると考えられた。本研究により得られた
風蓮湖内3定点の水柱基礎生産量は，調査時の天候や湖内の物理化学環境を
反映した結果だと考えられた。4月と比較して風蓮川河口域の表層水中の
Chl.a が高濃度であった11月については，水柱の積算基礎生産量とChl.a 濃
度との比例関係が見られた。

　次に堆積物表層基礎生産量について，山口(2011)は水深5m未満の浅海域
における平均基礎生産量を 100±79 g $C/m^2/y$ と示している。この値から1
日の平均基礎生産量を 0.3 g $C/m^2/d$ と仮定すると，特に4月の堆積物表層
の基礎生産量はこの値を5～6倍上回った。11月についても堆積物表層の基
礎生産量は浅海域の平均値と同程度か上回り，堆積物表層に生息する微細藻
類は湖内の基礎生産に大きく寄与していると示唆された。

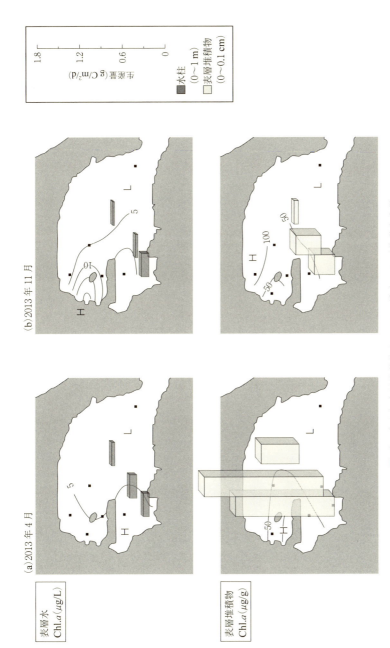

図19 水中と表層堆積物中のChl.a濃度および基礎生産量

風蓮湖における植物プランクトンおよび底生微細藻類の低次生産系における役割について以下のことが考えられた。まず，水中の植物プランクトンは河川水や潮汐流の影響を受けて絶えず水平・鉛直移動をしながら光合成を行い，水中の懸濁状況の変化による光量変化や栄養塩濃度変動の影響を大きく受け，増殖動態が時空間的に大きく変動していると考えられた。植物プランクトンは光・栄養塩環境が好適な状況下では，豊富な栄養塩をもとに光合成を活発化させ，ときに基礎生産に大きく寄与していると示唆された。一方，堆積物表層に付着して生息する底生微細藻類については，特に水深の浅い河口域では底層まで光量が豊富に供給され，底層の豊富な栄養塩を利用しながら安定的に光合成を行い，高い基礎生産を保持している可能性が示唆された。以上より，風蓮湖の低次生産系においては底生微細藻類が植物プランクトンの大きな基礎生産変動を補うように，基礎生産に安定的に大きく寄与する役割を担う可能性が示唆された。

5. 栄養塩の主要起源としての流入河川の評価

　以上見てきたような湖内の低次生産過程は，栄養塩によって駆動されている。この栄養塩の起源としては，河川を通した淡水流入が最も重要である。次に，河川からもたらされる栄養塩の動態について議論する。

　本調査の調査対象域である風蓮川水系は，北海道東部に位置する。本河川系の河川水は，根室湾に河口を開く汽水湖・風蓮湖に流れ込み，風蓮湖に流入する河川のなかでも最大規模を誇る。

　本調査の対象域は，北海道東部を流れる風蓮川水系である。風蓮川水系は別海町・浜中町に跨って存在する大規模な河川系であり，その長さは82.5 kmに及ぶ。河川の最下流部は，根室湾に面する汽水湖・風蓮湖(43° 17′ N，145° 21′ E)の北西部に流れ込む。風蓮湖には，風蓮川のほかにヤウシュベツ川，ポンヤウシュベツ川，および別当賀川などの河川も流入し，その集水域面積は1054.83 km²に及ぶものの，このうち最大の流入河川は風蓮川である。

　風蓮川水系及び調査定点について，図20に示した。本調査では，風蓮川

第2章 亜寒帯汽水湖(風蓮湖)の環境特性と低次生物生産過程の特徴　57

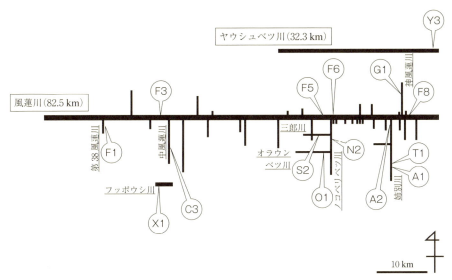

図20　風蓮川水系における採水ポイント模式図

　水系の各河川に14定点，ヤウシュベツ川に1定点，計15定点を設定した。
　風蓮川水系に属するのは風蓮川，姉別川，オラウンベツ川，ノコリベツ川，神風蓮川，三郎川の6河川である。本調査では，この6河川の各所に複数の定点を設け，加えて，風蓮川に次いで大きな流入河川であるヤウシュベツ川の最下流の1定点(Y3)および西フッポウシ川の対照定点(X1)についても併せて調査を行った。各定点の特徴について以下に示す。
　なお，分析定量した栄養塩類について，それぞれが水中の基礎生産者の必須栄養度であるが，それぞれの主要な起源については，以下のように考えた。アンモニア態窒素(NH_4-N)は主に酪農排水由来の可能性が高い成分であり，亜硝酸態(NO_2-N)および硝酸態窒素(NO_3-Nsw)は牧草地への肥料負荷起源の可能性が高い，PO_4-Pは畑地や都市排水によりもたらされたもの(人為負荷の指標)であると考えた。一方，$Si(OH)_4$-Siは，人為負荷はなく母岩(土壌粒子の主成分である粘土鉱物など)が風化して溶出したもので，人間活動とは直接関係のない成分の代表として評価した。

58

表1 定点名とその特徴

定点名(橋名・河川名)	特　　徴
F1(東一号橋・風蓮川)	流域の飼育牛密度が大きな地域の最上流
C3(中風蓮橋・風蓮川)	流域の飼育牛密度が大きな中風蓮川の下流
F3(上風蓮橋・風蓮川)	流域の飼育牛密度が最も大きい地域の下流
F5(泉橋・風蓮川)	ノコリベツ川と風蓮川の分岐点
F6(風林橋・風蓮川)	ノコリベツ川と風蓮川の合流後の点
F8(風蓮橋・風蓮川)	風蓮川最下流の定点であり全体の網羅点として設定
A1(泉橋・姉別川)	トンタス浜中養豚場の付近
T1(狭霧橋・姉別川)	トンタス浜中養豚場の下流
A2(姉別北橋・姉別川)	姉別川の定点として設定
O1(開成橋・オラウンベツ川)	流域の飼育牛密度が大きな点
N2(丸佐橋・ノコリベツ川)	流域の飼育牛密度が大きなO1の下流の点
G1(徳せん橋・神風蓮川)	神風蓮川の定点として設定
S2(宝橋・三郎川)	流域の飼育牛密度が小さい川である為設定
Y3(万年橋・ヤウシュベツ川)	ヤウシュベツ川の定点として設定
X1(西フッポウシ橋・西フッポウシ川)	風蓮湖流域ではないが,流域に牛のいない場所で比較対象の点として設定

　図21〜24に2013年における河川水中の栄養塩濃度調査の結果を示した。風蓮川水系において,全分析項目とも平水時(夏季)と比較して雪解け時(4月下旬)および農業イベントが活発化する秋雨時(10・11月)に,河川水中の栄養塩濃度が高まっていた。

　NH_4-Nは全定点を通して夏季と比べ春季および秋・冬季に高濃度であった。また,採水点ごとの濃度の差は,季節変化と同様の規模であった。NH_4-N濃度は調査期間中,4月下流部のどの定点においても高濃度であったことから,下流部周辺の陸域から酪農系有機物が融雪水を介してNH_4-Nとして流出した可能性が示唆された。$20\,\mu M$を超える値は,水生生物とりわけ幼生期の個体に取って,悪影響を及ぼすことが懸念される。後述するように風蓮湖表層水中においても,極めて高濃度のNH_4-N濃度が観測されているが,湖奥部に生息する生物にとって,致命的な悪影響を及ぼしている可能性が推測された。なお紙数の都合により,本章では水生生物の生息環境変遷などについては,触れないことにする。

　牧草地に用いられる肥料に多く含まれる$NO_2 + NO_3$-N濃度は,調査期間

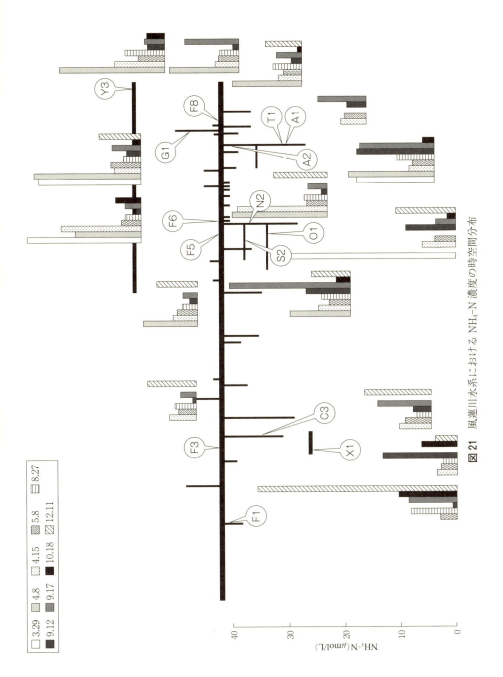

図 21 風蓮川水系における NH$_4$-N 濃度の時空間分布

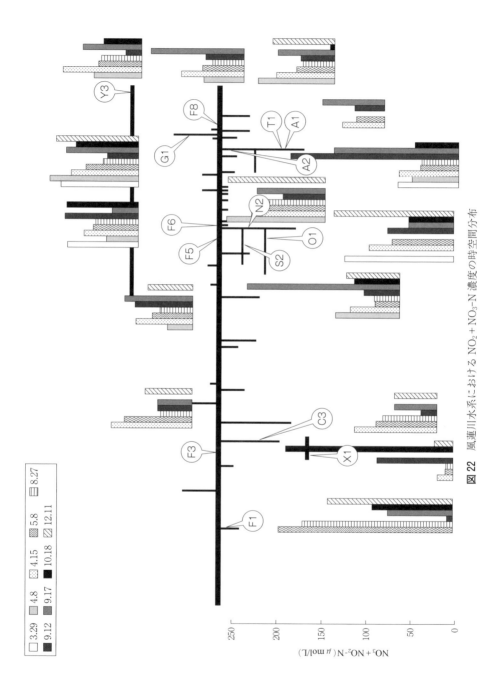

図22 風蓮川水系における $NO_2 + NO_3$-N 濃度の時空間分布

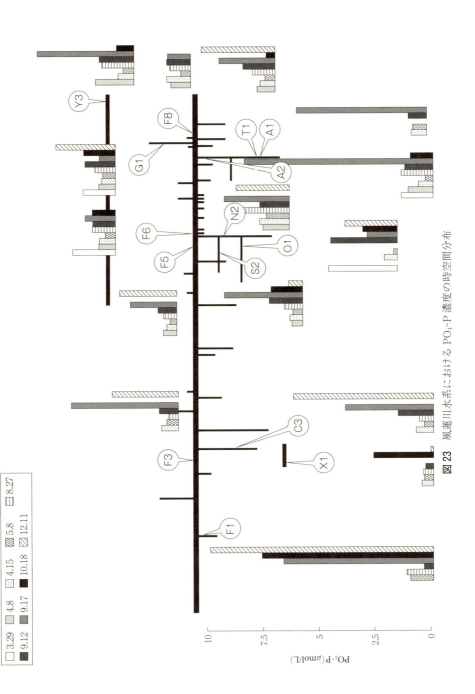

図 23 風蓮川水系における PO_4-P 濃度の時空間分布

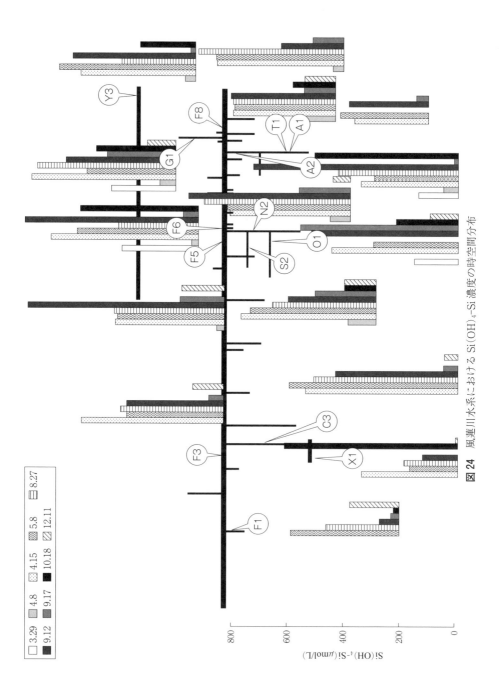

図 24 風蓮川水系における Si(OH)$_4$-Si 濃度の時空間分布

第2章　亜寒帯汽水湖(風蓮湖)の環境特性と低次生物生産過程の特徴　63

を通じてどの定点でも非常に高い値が得られ，上流部のF1をはじめとして
下流部と比べて高濃度の$NO_2 + NO_3$-Nが確認された。下流部の各定点にお
いては，上流部と比較して濃度変動が小さかった。また，どの定点において
も，硝酸態・亜硝酸態窒素の濃度は春季および冬季に高い傾向が見られた。
酪農排水中にあまり高濃度に存在しないPO_4-Pは，下流部と比較して上流
部で大きな濃度変動が確認された。また，どの定点においても，10月また
は12月にPO_4-Pは顕著に高濃度であった。風蓮川水系における河川水中の
栄養塩濃度を高める要因として，風蓮川水系の全域が高栄養塩の特性を有す
るのではなく，酪農業が大規模に展開されている風蓮川下流域の酪農業イベ
ントの存在が考えられた(栄養塩は，面的にではなく，「点」源を通して河川水中に負
荷されている)。

　ここで，河川を通した風蓮湖への栄養塩流入量の推定を行ってみる。流入
負荷量は，河川水中の各栄養塩濃度の平均値に河川流量を乗ずることにより
求めることができる。河川流量は，本書で白岩ら(第3章)が使用している，
北海道立総合研究機構(2013)が有する風蓮川の非公開流量データを利用して
風蓮湖に流入する全河川について推定した。それによると，風蓮川の年間流
量は，約$12 \times 10^8 \, m^3/y$であるが，主要河川であるヤウシュベツ川やポンヤ
ウシュベツ川の流量をそのほぼ半分と仮定して合計量を推定すると，約18
$\times 10^8 \, m^3/y$となる。この値に，本調査期間を通して採水モニターして得た，
風蓮湖流入主要3河川の河口部における窒素栄養塩濃度平均値(DIN：
48.5 μM：図25)を乗じて，年間の窒素栄養塩流入量を推定すると，概算で
1,235 tNとなる。冬季も季節に関わりなく同様の流入であると仮定すると，
1日あたりの平均では，3.4 tNの流入量と推定することができた。

　これらの値は，どの程度風蓮湖の生物過程にインパクトを与えているのか
を，見積もってみる。まず，湖内の栄養塩濃度(DIN：10 μM)と容積($58 \times$
$10^6 \, m^3$)から，栄養塩の現存量を推定する。図26に，本研究期間を含めて風
蓮湖において調査観測された窒素栄養塩濃度に関する情報を，塩分値5ごと
に7つの塩分区画を設けて，合計367点の表層水データを平均化したものを
示した。これから明らかなように，窒素栄養塩の加重平均濃度は約10 μM

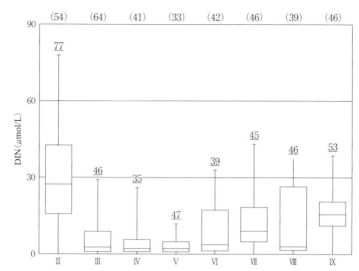

図25 湖内水温区分(5℃)ごとの湖水中(ハコヒゲ図)および流入河川水中(下線を付した数値)のDIN濃度分布。図上部の括弧内の数値は試料数。Ⅱ(5〜10℃),Ⅲ(10〜15℃),Ⅳ(15〜20℃),Ⅴ(20〜25℃),Ⅵ(20〜15℃),Ⅶ(15〜10℃),Ⅷ(10〜5℃),Ⅸ(5℃>)

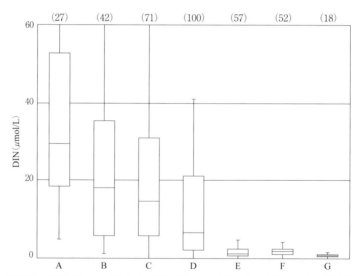

図26 湖内塩分区分(5psu)ごとのDIN濃度分布。A(0〜5)〜G(30〜35)。図上部の括弧内の数値は試料数

であったので，これに容積を乗じると，風蓮湖内には約8.1 tN が DIN の形で存在していることがわかる。

　河川からの平均流入量と湖内現存量の両者を比較すると，現存量に対する河川からの日流入量割合は，40%を超えていることになり，如何に河川の役割が大きいものであるかを実感できる。既に見てきたように，風蓮湖内の栄養塩濃度分布は，季節変化があまり大きくはない。このことは，河川からもたらされる栄養塩が，基礎生産者により日々消費されており，いわば半定常状態にあることを示しており，流入した栄養塩の多くが水中と底生の微細藻類と，今回は触れることができなかったが，アマモなどの大型草類により利用されていることを強く示唆している。

　なお，風蓮湖は単一の水域としては日本一のアマモ場を有している(約4,400 ha)ことを付記する。

6. 基礎生産量から評価するシジミ資源復活の可能性

　本研究で得られた，微細藻類の総基礎生産量を用いたシジミの最大可能生産量の推定を行ってみる。風蓮湖において，ヤマトシジミは元来より主要漁獲対象種であり1985年にその水揚げ量は約200tに及んだ。漁獲高は約7,000万円に達した。その後，水質および底質の悪化などが原因となってヤマトシジミ資源量は減少の一途を辿り，2000年には全面禁漁となった。現在は資源量を再生するべく各種環境調査が実施されている。

　かつてのヤマトシジミ漁場は風蓮川，ヤウシュベツ川およびポンヤウシュベツ川河口域に分布し，その総面積は約514 ha(5,140,000 m²)であった。この漁場総面積に塩分0〜20における水中微細藻類の総基礎生産量(119〜242 mg C/m²/d：図19)を掛け合わせると，シジミ漁場における総基礎生産量は0.61〜1.2 t C/dと推定される。うち20%がヤマトシジミによる二次生産量に寄与する(消費される)ものと仮定すると，二次生産量は0.12〜0.24 t C/dと推算された。この値を基に，ヤマトシジミの年間P/B比(生産量/現存量)を2と仮定すると，現存量は22〜44t Cに達する。

殻長が漁獲可能サイズ（殻長：約20mm以上）を上回るヤマトシジミ1個体あたりの生産量が1.55×10^{-4} g C/個/dであるとすると，漁場全域におけるヤマトシジミ総個体数は以下のように算出された。

$$0.12 \sim 0.24\,(\text{t C/d}) \div 1.55 \times 10^{-4}\,(\text{g C/個/d}) = 0.8 \times 10^{9} \sim 1.5 \times 10^{9}\,(\text{個})$$

これを1m^{2}あたりの個体数に換算すると153〜301個/m^{2}となった（ヤマトシジミ漁業が盛んに行われていた1980年代後半，漁場1m^{2}あたりのヤマトシジミ個体数は約30〜40個/m^{2}であった）。上述のヤマトシジミ漁場においてヤマトシジミが153〜301個/m^{2}の密度で生産し，その10分の1の15〜30個/m^{2}を漁獲すると仮定する。ヤマトシジミの単価は，幅があるが1kgあたり400〜700円，1個体あたりの殻つき重量を15gとすると1m^{2}あたりの漁獲高は100〜315円となり，過去の漁場総面積あたりのヤマトシジミ漁獲高は5.1〜16億円と推算された。この場合，水揚げは1,285〜2,313tに及ぶ。ヤマトシジミは約3〜4年かけて漁獲可能サイズに成長し，成貝は夏季に産卵する。このことは，漁場においてヤマトシジミが安定的に再生産を行い資源量が維持されれば，毎年，1,285〜2,313t漁獲することができることを示している。

　本研究を通して，植物プランクトンと比較して底生微細藻類が基礎生産に大きく寄与することが明らかになったが，湖全域を網羅した，両者の基礎生産の定量化には至っていない。加えて，基礎生産が大きく変動すると考えられた植物プランクトンについては光・栄養塩環境の影響を受けて生産動態が変化することが実験や調査を通して明らかとなったが，光や河川を通してもたらされる栄養塩がそれぞれどのような時間スケールで植物プランクトンの増殖に影響を及ぼし湖内の基礎生産を変動させるかという点についてはさらなる検討が必要である。そして底生微細藻類の増殖に対する光と栄養塩の影響についても併せて検討することにより両者の生産動態とその制限要因を比較検討し，漁獲対象となる高次の栄養生物の餌資源環境について全域的に評価していくことが必要である。

　本研究を遂行するに当り，別海漁業協同組合の皆さんにお世話になった。とりわけ，小笠原豊参事および船頭をお願いした高橋秀美さんには多大な御

第2章　亜寒帯汽水湖(風蓮湖)の環境特性と低次生物生産過程の特徴　67

助力をいただいた。ここに記して感謝いたします。

[引用・参考文献]

Atkinson, M. J., and Smith, S. V. (1983) C: N: P ratios of benthic marine plants. Limnology and Oceanography 28: 568-574.

Barber, R. T., and Hilting, A. K. (2002) History of the study of phytoplankton, pp.16-43. *In* Phytoplankton Productivity (eds. Williams, P. J. B., Thomas, D. N., and Reynolds, C. S.) Blackwell Science.

Burton, J. D., and Liss, P. S. (1976) Estuarine Chemistry. Academic Press. 229pp.

Cadée, G. C., and Hegeman, J. (1977) Distribution of primary production of the benthic microflora and accumulation of organic matter on a tidal flat area, Balgzand, Dutch Wadden Sea. Netherlands Journal of Sea Research 11(1): 24-41.

Chatterjee, A., Klein, C., Naegelen, A., Claquin, P., Masson, A., Legoff, M., Amice, E., L'Helguen, S., Chauvaud, L., and Leynaert, A. (2013) Comparative dynamics of pelagic and benthic micro-algae in a coastal ecosystem. Estuarine, Coastal and Shelf Science 133: 67-77.

Cognetti, G., and Maltagliati, F. (2000) Biodiversity and adaptive mechanisms in brackish water fauna. Marine Pollution Bulletin 40 1: 7-1.4

Crossland, C., van Raaphorst, W., and Kremer, H. (2001). Special issue—Land-ocean interactions in the coastal zone—Proceedings of the fourth LOICZ open science meeting held in Bahia Blanca, Argentina, November 1999—Preface. Journal of Sea Research 46: 85-86.

de Jonge, V. N. (1980) Fluctuations in the organic carbon to Chlorophyll a ratios for estuarine benthic diatom populations. Marine Ecology Progress Series 2: 345-353.

Diaz, R. J., and Rosenberg, R. (2008) Spreading dead zones and consequences for marine ecosystems. Science 321: 926-929.

Eppley, R. W., Harrison, W. G., Chisholm, S. W., and Stewart, E. (1977) Particulate organic matter in surface waters off Southern California and its relationship to phytoplankton. Journal of Marine Research 35: 671-696.

Erga, S. R., and Heimdal, B. R. (1984) Ecological studies on the phytoplankton on Korsfjorden, western Norway. The dynamics of a spring bloom seen in relation to hydrographical conditions and light regime. Journal of Plankton Research V6(1): 67-90.

Flöder, S., and Burns, C. W. (2004) Phytoplankton diversity of shallow tidal lakes: Influence of periodic salinity changes on diversity and species number of a natural assemblage. Journal of Phycology 40: 54-61.

福代康夫・高野秀昭・千原光雄・松岡數充(1990)日本の赤潮生物—写真と解説．内田老鶴圃．407pp.

Gillespie, P. A., Maxwell, P. D., and Rhodes, L. L. (2000) Microphytobenthic communities of subtidal locations in New Zealand: taxonomy, biomass, production, and food-web implications. New Zealand Journal of Marine and Freshwater Research 34: 41-53.

Hama, T., Miyazaki, T., Ogawa, Y., Iwakuma, T., Takahashi, M., Otsuki, A., and Ishimura, S. (1983) Measurement of photosynthetic production of a marine phytoplankton population using stable 13C isotope. Marine Biology 73: 31-36.

Hillebrand, H., Dürselen, C. D., Kirschtel, D., Pollingher, D., and Zohary, T. (1999) Biovolume calculation for pelagic and benthic microalgae. Journal of Phycology 35: 403-424.

北海道環境科学研究センター(2005)風蓮湖, pp.46-51. 北海道の湖沼 改訂版. 北海道環境科学研究センター.

北海道立釧路水産試験場(2003)藻場干潟・環境保全調査報告書 別海町地区周辺地域 2003年(北海道-1). 39pp.

Humborg, C., Danielsson, Å., Sjöberg, B., and Green, M. (2003) Nutrient land-sea fluxes in oligotrophic and pristine estuaries of the Gulf of Bothnia, Baltic Sea. Estuarine, Coastal and Shelf Science 56: 781-793.

石飛裕・平塚純一・桑原弘道・山室真澄(2000)中海・宍道湖における魚類及び甲殻類相の変動. 陸水学雑誌 61: 129-146.

Jorgensen, B. B., and Richardsen, K. eds. (1996). Eutrophication in Costal Marine Ecosystems American Geophysical Union. 373pp.

気象庁 HP：http://www.jma.go.jp/

木戸和男・村田泰輔・白澤邦男・仁科健二・大澤賢人(2011)サロマ湖の環境とホタテガイ養殖―時化による堆積物表層の有機物の上方輸送. 沿岸海洋研究 49(1)：23-30.

Kirst, C. O. (1989) Salinity tolerance of eukaryotic marine algae. Annual Review of Plant Physiology and Plant Molecular Biology 40: 21-53.

Knoppers, B. (1994) Aquatic primary production in coastal lagoons, 243-286. In Coastal Lagoon Processes (ed. Kjerfve, B.) Chapter 9.

小林弘・出井雅彦・真山茂樹・南雲保・長田敬五(2006)小林弘珪藻図鑑 第1巻. 内田老鶴圃. 531pp.

Macintyre, H. L., Geider, R. J., and Miller, D. C. (1996) Microphytobenthos: The ecological role of the "Secret Garden" of unvegetated, shallow-water marine habitats. I. Distribution, abundance and primary production. Estuaries 19 2A: 186-201.

Mann, K. H. (2000) The subject and the approach. pp.1-15. In Ecology of Coastal Waters (ed. Mann, K. H.). Wiely-Blackwell.

Margalef, D. R. (1958) Information theory in ecology. General systems 3: 36-71.

Meybeck, M. (1979). Pathways of major elements from land to ocean through rivers, pp. 18-30. In River Inputs to Ocean Systems (eds. Martin, J.-M., Burton, J. D., and Eisma, D.) United Nations.

Meybeck, M. (1998) The IGBP water group: a response to a growing global concern. Global Change Newsletters 36: 8-12.

宮本康(2004)汽水湖の生物相―塩分による直接・間接的な生物相の維持. Laguna 11：97-107.

Montani, S., Magni, P., and Abe, N. (2003) Seasonal and interannual patterns of intertidal microphytobenthos in combination with laboratory and areal production estimates. Marine Ecology Progress Series 249: 79-91.

門谷茂・真名垣友樹・柴沼成一郎(2011)酪農業の進展と風蓮湖の生物生産構造変化. 沿岸海洋研究 49(1)：59-67.

大谷修司(1997)宍道湖・中海水系の植物プランクトンの種類組成と経年変化. 沿岸海洋研究 35(1)：35-47.

Parsons, T. R., Maita, Y., and Lalli, C. M. (1984) A Manual of Chemical and Biological

Methods for Seawater Analysis. Pergamon Press. 173 pp.

Philip, A. M. (1994) Observation of elemental and isotopic source identification of sedimentary organic matter. Chemical Geology 114: 289-302.

Ryther, J. H. (1969) Photosynthesis and fish production in the sea. Science 166: 72-76.

辻泰世・門谷茂(2016)亜寒帯汽水湖(風蓮湖)におけるシジミ漁業の再構築を見据えた水質・底質環境の現状評価. 低温科学 74：1-10.

上真一(1993)植物プランクトン摂食者に及ぼすN：P比の影響, pp.63-72. 水域の窒素：リン比と水産生物(日本水産学会 監修・吉田陽一編). 恒星社厚生閣.

山岸高旺(編)(1999)淡水藻類入門―淡水藻類の形質・種類・観察と研究. 内田老鶴圃. 646pp.

Yamaguchi, I., Montani, S., Tsutsumi, H., Hamada, K., Ueda, N., Tada, K. (2007) Dynamics of microphytobenthic biomass in a coastal area of western Seto Inland Sea, Japan. Estuarine, Coastal and Shelf Science 75: 423-432.

山口一岩(2011)温帯沿岸域における底生微細藻類の生物量と生産量. 日本ベントス学会誌 66：1-21.

Welsh, B. L., Whitlatch, R. B., and Bohlen, W. F. (1982) Relationship between physical characteristics and organic carbon sources as a basis of comparing estuaries in southern New England. pp.53-67. *In* Estuarine Comparisons (ed. Kennedy, V. S) Academic Press.

陸水域〜汽水域の溶存鉄の動きを追う

第*3*章

1. 研究の背景

　沿岸上流域の陸面に由来をもつ物質が河川を通じて沿岸域に運ばれ、そこに存在する海洋生態系に影響をもたらすことは、古くから知られている(Wakana, 2012)。例えば、人為的に負荷された多量の窒素やリンなどの栄養塩が湖沼や沿岸域に輸送された結果、そこで植物プランクトンを"過剰に"増加させ、そのプランクトンの分解が水中の溶存酸素量を減少させる貧酸素水塊の形成である(山室ほか, 2013)。貧酸素水塊が形成されると、そのなかでは生物の生息が著しく困難になるため、生態系は劣化する。また、農地の拡大や山林の荒廃が原因で、豪雨時に多量の懸濁物質が河川を通じて湖沼や沿岸に輸送され、その地域の底棲生物を埋没・死滅させてしまう現象も頻繁に生じている。

　一方、「魚附き林」という言葉に代表される概念がある。河川流域から河川を通じて湖沼や沿岸に供給される自然起源の窒素やリンなどの栄養塩が、その地域の基礎生産を"適度に"増加させ、ひいては魚を殖やす現象である(例えば若菜, 2015)。こちらは、貧酸素水塊の形成や懸濁物質の流出とは正反

対に，海洋の生物生産性を高める現象である。

　河川が海に供給するさまざまな物質のなかでも，溶存鉄は比較的近年に
なってから，海洋の基礎生産にとって必要欠くべからざることが判明した物
質である（例えばGran, 1931）。鉄が基礎生産の根幹をなす植物プランクトンに
必要な理由は，光合成の過程で窒素などの栄養塩を還元するために利用され
るからである。海洋中に存在する微量な鉄の正確な分析が可能となった
1980年代になると，外洋域の海洋表層では鉄濃度がごく微量であることが
明らかとなり，鉄不足が植物プランクトンの増殖を律速するという考えが誕
生した（Martin and Fitzwater, 1988）。この研究を契機とし，高栄養塩低クロロ
フィル（HNLC）海域における鉄の実態と役割に関するさまざまな研究が始
まった。それゆえ，1990年代は「海洋学における鉄の時代」と呼ばれる
（Coale et al., 1999）。

　鉄自体は水中で溶けやすいものではないが，水中には無機イオン，無機錯
体，有機錯体，無機コロイド，有機コロイド，懸濁物に付着するなど，小さ
なイオン状態からコロイド，微粒子状態までさまざまな大きさで鉄が存在し
ている。海域においては，孔径0.2〜0.4 μm のサイズの鉄がコロイド状で存
在する（Wu and Luther, 1994, 1996）。Wen et al.(1996) は，0.2 μm 以下の鉄は
80〜90％がコロイド状であるとも報告している。このコロイド状鉄が植物プ
ランクトンにとって利用しやすい形態であることが示されている（西岡，
2006）。

　Matsunaga et al.(1984) は，沿岸域における基礎生産が，河川から供給され
る溶存有機物と錯体を形成した溶存鉄によって支えられていることを明らか
にし，外洋域のみならず，沿岸域の基礎生産にも鉄が重要な役割を果たして
いる可能性を示した。また，日本の沿岸域で進行する海藻の極端な減少で生
じる磯焼けの原因を，森林から供給されるフルボ酸鉄が流域の土地被覆改変
によって減少したためであるとし，河川流域の森林が沿岸の海洋生態系に与
える重要性を普及書を通じて世に訴えた（松永，1993）。

　ところが，このような先行研究にもかかわらず，最近に至るまで，河川起
源の鉄がどのように流域から河川にもたらされ，河川中をどのような状態で

輸送され，最終的にどの程度，沿岸域の基礎生産に寄与しているかを解明した研究は限られていた。この過程を明らかにした研究のひとつに，ユーラシア大陸東岸を 4,400 km にわたって流下し，オホーツク海に流入するアムール川起源の溶存鉄がオホーツク海や隣接する親潮海域の基礎生産に与える影響を評価した試みがある(白岩，2011)。研究の結果，アムール川から輸送される溶存鉄は，オホーツク海のみならず，親潮海域に到達し，これらの地域の基礎生産に欠かせない物質であることが判明した(Shiraiwa, 2012; Nishioka et al., 2013, 2014)。

　アムール川流域における溶存鉄の最大の供給源は湿原である(楊，2012)。鉄は地球上において 4 番目に多い元素であるが，酸素と結合しやすい性質から，酸化的な環境下では水酸化鉄という不溶性の安定物質となる。一方，湿原のような還元環境下では，二価あるいは三価の陽イオンとして水中に溶出する。また，湿原は森林と共に多量の溶存有機物を供給する。これらの溶存有機物と溶存鉄が錯体を形成し，溶存状態を保ったまま河川，そして海洋へと輸送される環境がアムール川流域からオホーツク海・親潮に至る鉄輸送を支える仕組みである(長尾ほか，2012)。

　北海道のオホーツク海や太平洋の沿岸域や汽水湖は，その生産性の高さから主要な漁場となっている。これらの高い生産性を支えるひとつの要因が溶存鉄である可能性がある。これまでの研究によると，溶存鉄の供給源として，広葉樹林(道南石崎川の例：夏目ほか，2014)，畑地(道北網走川の例：藤島，2013 MS)など，流域の土地利用・土地被覆状態に応じて，相対的な重要性が異なることがわかってきた。ただし，これらの流域においては，どちらも湿原が流域に占める面積は極めて小さく，アムール川流域で明らかとなった溶存鉄の供給源としての湿原の役割を評価することができなかった。本書で取り上げる風蓮湖流入河川流域は，かつて広大な湿原が広がっていたため，湿原とその人為的改変が溶存鉄の供給に与える影響を調べるためには絶好の調査フィールドである。そこで，風蓮湖流入河川流域を対象として，①溶存鉄と溶存有機炭素の供給源の特定，②河川を通じた溶存成分フラックスの定量化，③陸域から河川を通じて湖にもたらされる溶存鉄が湖の基礎生産に与える影響の

解明，④酪農開拓による湿原の草地化が溶存鉄供給量に与える影響の解明を試みた。

2. 風蓮湖と風蓮湖流入河川の概要

北海道東部に位置する風蓮湖は，湖面積 56.38 km^2，最大水深 11.0 m，平均水深 1.0 m の潟湖(ラグーン)である(図1)。海岸部の砂州には，中央部および南東部の2か所に流出口があり，根室湾とつながっている。このため，湖水は塩分濃度 16〜30 psu 程度の汽水・海水となっている。

この地域では，1954年のパイロットファーム，1973年の新酪農村建設事業によって大規模な酪農地開拓が行われてきた(芳賀，2010)。当時の酪農地開拓は漁業サイドには配慮せずに計画されたものであり，その結果1974年には河口の底棲生物相が貧弱化し，それを餌とするサケやマスにも影響がでたことが報告されている(北海道漁業団体公害対策本部，1976)。1971年以降1988

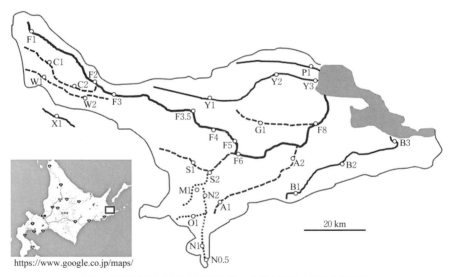

図1 調査地域と河川水採水地点。東端の灰色の部分が風蓮湖

第3章　陸水域～汽水域の溶存鉄の動きを追う　75

年まで平均して毎年100 t以上のシジミの漁獲があったが，1985年をピークに減少し，現在はコマイ，チカ，カレイ，ニシンなどの漁獲が中心である。これら漁獲の減少は，流域の酪農地増加の時期と期を一にしていることより，酪農地からの家畜排せつ物に由来する栄養塩負荷や，降雨時の牧場土壌の流出にともなう懸濁物質の負荷などが，風蓮湖の環境に影響を及ぼしたことが指摘されてきた（三上ほか，2008：三上・五十嵐，2014）。

　一方，門谷ほか（2011）は，風蓮湖に流入する主要3河川（風蓮川，ヤウシュベツ川，ポンヤウシュベツ川）の溶存無機窒素と溶存無機リンの年間負荷量をそれぞれ529 t，58 tと見積もり，これらの半分が植物プランクトンに利用されているとした。残りの半分は風蓮湖に広く分布するアマモによって利用されている可能性を検討したが，アマモだけでは残りの半分の栄養塩を消費するのに十分ではないと結論した。しかし，第2章で見たように，門谷らのその後の研究により，河川から流入した栄養塩の多くは，水中と底生の微細藻類とアマモなどの大型草類によって利用されていることが次第にわかってきた。

　風蓮湖流入河川であるポンヤウシュベツ川，ヤウシュベツ川，風蓮川，別当賀川などの大小河川は，根釧台地と呼ばれる起伏のゆるやかな地形にその流域を発達させている。この台地は，第四紀に発達した台地や海成段丘を屈斜路カルデラの形成にともなって噴出した火山灰が厚く堆積した地形であり，氷期の寒冷気候下において周氷河作用を受けたため，谷は浅く平らな谷底をともなう。これらの谷底や周辺の平坦な台地上は，ところどころ湿原となっている（写真1）。また，風蓮湖の西岸および南西岸には河川沿いに小規模な沖積低地が見られる。これらの沖積低地の表層や砂州列の堤間湿地の表層には，厚さ0.5～3 m程度の泥炭層が形成されている（平川，2003）。

　根釧台地は，明治期に始まる開拓によって，現在では国内最大級の酪農地帯となった（写真2）。とりわけ，1954年に酪農振興法が施行され，北海道，北海道開発局，農地開発機械公団の3機関が世界銀行の融資を受けながら実施したパイロットファーム計画は，森林と湿原に覆われた根釧台地の土地利用・土地被覆状況を大きく変化させた。現在は11万頭の乳牛を有する国内一の牛乳生産量を誇っている。

写真1 風蓮川最下流域のF8地点上空から見た湿原と湿原を開拓してつくられた酪農地のパッチ模様。低平な湿原地帯を蛇行して流れる風蓮川

写真2 酪農地で草をはむ牛たち

第 3 章　陸水域〜汽水域の溶存鉄の動きを追う　　77

3.　河川と湖水の水質分析方法ならびに土地利用調査方法

　本研究は，2014 年 2 月の予察調査を経て，現地調査を 2014 年 4 月〜2015 年 8 月まで実施した。現地調査日と実施した調査項目を表 1 に示す。

3.1　水質調査

(1) 河川水質調査

　河川水中の溶存鉄濃度，溶存有機炭素濃度(以下，DOC)を測定するために河川調査を行った。

　本研究では，風蓮湖に流入する河川群の水質調査を実施した三上ほか(2008)が設定した 32 地点に加え，人為的影響が少ないと考えられる湿原として，風蓮川支流ノコベリベツ川最上流の採水地点(N-0.5)を加えた合計 33 地点を河川水の採水地点とした(図 1)。

　採水は，2014 年 4，6，10 月，2015 年 3，4，6，8 月の計 7 回，すべて晴天時に実施した。また 2015 年 8 月の調査では，降雨イベントが河川中溶存成分に与える影響を明らかにするために，強度の高い降雨イベント後にも風

表 1　調査日と現地調査項目。○：調査を実施した，×：調査を実施していない

| 調査日 | 河川水質調査 | | | 湖水質調査 | 空撮 | 地下水位調査 | 降雨イベント後調査 |
	溶存鉄	栄養塩	DOC				
2014 年　4 月　9 日〜10 日	○	○	○	×	×	×	×
4 月 30 日	×	×	×	○	×	×	×
6 月　4 日〜 6 日	○	○	×	×	×	×	×
10 月 25 日〜26 日	○	○	○	×	×	×	×
2015 年　3 月 24 日〜25 日	○	○	○	×	×	×	×
4 月 19 日〜20 日	○	×	○	×	×	×	×
6 月 18 日〜19 日	○	×	○	×	○	×	×
8 月　8 日〜11 日	○	×	○	×	○	○	○

写真3 河川水の採取風景

蓮川にて河川水を採取した。

　溶存鉄濃度とDOC濃度分析のための試料採取にあたっては，採水地点の河川中央部の橋の上からプラスチック製バケツを用いて河川表層水を採取した(写真3)。また，水質の現場測定用には，金属製のバケツを用いて同様に河川表層水を採取し，多項目水質計センサーを直接バケツに挿入して水温，電気伝導度(EC)，pHを測定した。

　溶存鉄用試料とDOC用試料の採水には，シリコン製シリンジ，フィルターホルダー(日本ミリポア社)，径0.7 μmのケイ酸ガラス繊維のGF/Fフィルター(Whatman社)を用いて，100 mlのポリビン(アイボーイ)に分注した(写真4)。使用した道具は鉄の汚染を防ぐために事前に酸洗浄してから使用した。ポリビン，シリンジ，フィルターホルダーは超純水で3回洗浄した後，硝酸

写真4 河川水のろ過作業

バスに1日以上漬けた後に超純水で8回洗浄した。フィルターは有機物を除去するために400℃で6時間加熱した後、硝酸バスに1日以上漬けてから超純水で8回洗浄を行った。採水時にはシリンジ、フィルター、ポリビンを河川水で共洗いした。採水後、試料をクーラーボックスで冷蔵保存し、調査後は冷蔵庫で冷蔵保存した。

(2)風蓮湖水質調査

風蓮湖の溶存鉄濃度と塩分濃度を測定するため、湖の水質調査を行った。調査測点は計14測点とし、2014年の4月30日に各地点の表層水と底層水を採取した(図2)。

溶存鉄濃度、栄養塩濃度分析のための試料採取にあたり、表層水はバケツで、底層水は水中ポンプを用いて採取した。溶存鉄濃度分析用の試料採取用機材は、河川水採取の際と同様に事前に酸洗浄したものを用いた。

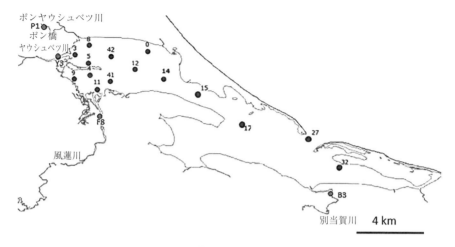

図2　風蓮湖における採水地点

(3) 各成分分析方法

　溶存鉄濃度の測定はフェロジン法(Stookey, 1970)を用いて行った。フェロジン法による溶存鉄濃度の測定は以下の通りである。まず試料に酸を添加し，最低1週間置いて分析を行った。これによって，試料中のほとんどの鉄は二価と三価の鉄に遊離する。次いで，三価鉄を二価に還元し，試薬であるフェロジンを添加する。フェロジンを加えることで水中の溶解性二価鉄と反応させて安定性のある錯体を形成させる。そこに発色試液(還元剤)を加えて錯体を発色させ，その吸光度を測定することによって溶存鉄の濃度を測る。Stookey(1970)によると，フェロジン法の標準的な測定精度は96.8%である。

　DOC濃度の測定は北海道立総合研究機構　環境・地質研究本部　環境科学研究センターの全炭素計(島津製作所 TOC-V$_{CPH}$)を用いて行った。

3.2　土地利用・土地被覆分類

　河川水中の溶存成分は，近傍の土地利用・土地被覆状態と密接な関係をもっていることが知られている(楊, 2012)。このため，流域内の土地利用・

土地被覆図を作成し，各地点の土地利用割合を算出した。この土地利用・土地被覆図は，現地調査に持参し，目視観測によって確認を行った。

土地利用・土地被覆図の作成はオープンソースソフトウェアの地理情報システム QGIS 上で行った。国土地理院の DEM データ (https://ssov2.gsi.go.jp/sb_access_set/index.) を用いて，河川ごとの集水域を定義し，その面積を算出した。次に，2000 年以降に撮影された航空写真を元に環境省が作成した第 6 回環境保全基礎調査の植生図 (環境省：http://www.vegetation.biodic.go.jp) を用い，流域の土地利用・土地被覆を，牧草地，二次草原，自然林，植林地，湿原・沼沢林，耕作地，市街地の 7 つに分類し，土地利用・土地被覆図とした (写真 5, 6)。また，QGIS 上で，各河川水採水地点の集水域を定義し，これら集水域内の土地利用・土地被覆毎の面積を求めた。

写真 5 姉別川 A2 地点上空から見た河畔林としての沼沢林と湿原

写真6 風蓮川 F1 地点上空から見た酪農地と河畔林

3.3 土地の地下水位の調査

　同じような土地利用・土地被覆状態にあっても，地表面の水文状態が異なる場合がある。地表面の水文状態は，森林に覆われている場合，航空写真などで判読することは困難である。それゆえ，無人航空機ドローンと現地での実地調査によって，詳細な陸面状況の調査を実施した。

　まず，河畔林下の土地の地下水位を明らかにするため，2015年8月の調査の際，ドローンを飛ばし，上空から斜め写真を撮影した。その後河川に直交するようにトランセクトを設定し，トランセクトに沿って土地の水文状況と植生分布を調査した。調査は，溶存鉄濃度が大きく異なる風蓮川上流(F1)と西風蓮川支流(W1-b1)のふたつの地点を対象に行った(図3)。

　各地点から上流に向かって河川中を歩き，一定の間隔で陸に上がった。河川から河畔林を出るまでの距離，河川からの比高，植生分布を調査し，土地の断面図を作製した。なお水平距離，垂直距離の測定には GPS を用いた。

第3章 陸水域〜汽水域の溶存鉄の動きを追う　83

図3　地下水位の調査地。ドローンを用いて撮影。上：F1流域，下：W1-b1流域

4. 風蓮湖流入河川と風蓮湖の水質分析結果ならびに土地利用状況

4.1 河川水質調査

2014年4月9〜10日，6月4〜6日，10月25〜26日，2015年3月24〜25日，4月9〜10日，6月18〜19日，8月8〜11日の計7回，風蓮湖流入河川流域で採水を実施した。試料の採取と同時に現場の水質を測定し，採取した試料は研究室にもち帰り分析した。測定した全結果を章末付録の付表A1〜A7に示す。

(1)溶存鉄濃度

図4に全サンプリング地点における各月の溶存鉄濃度の空間分布を示す。

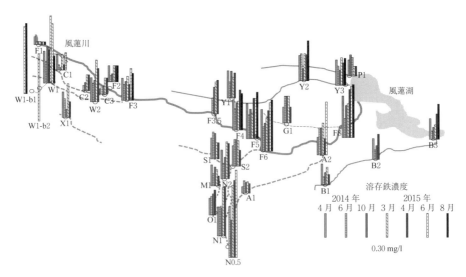

図4 各地点における溶存鉄濃度。バーの長さが溶存鉄濃度を表す。

第3章　陸水域〜汽水域の溶存鉄の動きを追う　85

　各地点で比較すると，溶存鉄濃度は地点による違いが大きい。風蓮川上流域に注目すると，風蓮川最上流地点である F1 では，溶存鉄濃度は 0.010〜0.110 mg/L の範囲を示し，2014 年 4 月の測定値を除くと，全地点のなかで最も低い値を示した。

　風蓮川と近隣する中風蓮川の上流地点 C1 でも溶存鉄濃度は比較的低い値を示している。一方，同じく風蓮川上流域の西風蓮川の上流地点 W1 では，溶存鉄濃度は 0.237〜0.838 mg/L と，隣接する F1，C1 に比べて高い値を示している。この違いを確認するため，2015 年 6 月と 8 月に，W1 地点のすぐ上流で西風蓮川に流入するふたつの支流の流入地点 W1-b1，W1-b2 でも試料を採取し分析した結果，溶存鉄濃度は 1.000 mg/L を超えていた。

　西風蓮川を除き，風蓮湖流入河川群の上流域では一般的に溶存鉄濃度は低かった。しかし，それぞれの河川で，中流，下流と流れるにつれ溶存鉄濃度は上昇した(図4)。風蓮川最下流地点の F8 では，溶存鉄濃度は 0.380〜0.826 mg/L の範囲を示し，風蓮湖流入河川群のなかで最も高い値を示した。風蓮湖流入河川群の最下流地点に位置する P1，Y3，B3 では，F8 と比較すると溶存鉄濃度はやや低かった。特に P1 では 0.111〜0.322 mg/L と低い値を示した。ほかの地点で溶存鉄濃度が目立って高かったのは，ノコベリベツ川最上流地点である N-0.5 であり，測定期間中，溶存鉄濃度は 0.563〜1.123 mg/L と高い値を示した(写真7)。

　図5に風蓮川本流の上流から下流にかけて各月の溶存鉄濃度の流路に沿った空間変化を示す。2015 年 3 月に F5 地点で濃度が急激に減少することを除き，どの季節においても，上流から下流に向けて溶存鉄濃度は徐々に上昇している。相対的に高い値を示すのは，2015 年 4，6，8 月であるが，上流域に位置する F1，F2，F3 地点では測定毎の差が中・下流域に比べて小さいことがうかがえる。

　2015 年 8 月の調査では，8 月 8 日から 10 日の午前中にかけて晴天時に採水を行った。その後 8 月 10 日の午後から 11 日の朝まで，強度の高い降水があった。そこで，降水が河川水質に与える影響を調べるため，降水後のサンプリングを実施した。

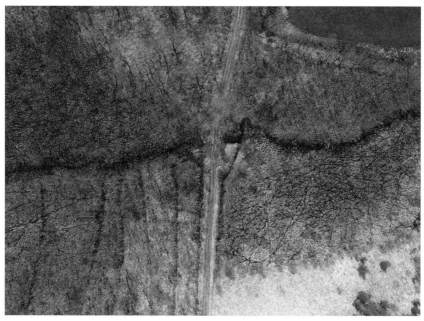

写真7 ノコベリベツ川 N0.5 地点の垂直写真。冬枯れした湿原には無数のシカの足跡が刻まれている。

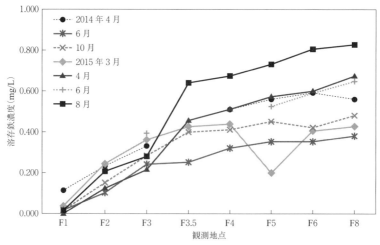

図5 風蓮川における溶存鉄濃度の空間的・時間的推移

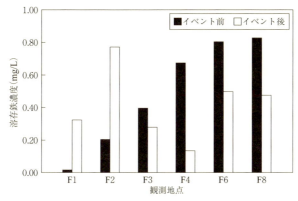

図6 降雨イベント前後の溶存鉄濃度の比較

F1, F2では8月10日の降雨イベントの直後に, F3〜F8では8月11日の降雨イベントの約6〜8時間後に河川水を採取した。図6にイベント前とイベント後の各地点における溶存鉄濃度の変化を示す。F1とF2ではイベント後に溶存鉄濃度が急激に増加している一方, F3〜F8ではイベント後に溶存鉄濃度の減少が見られた。上流と下流に大きな違いはあるが, 強度の高い降水イベントが河川水中の溶存鉄濃度に大きな影響を与えていることがわかる。

(2) DOC 濃度

河川水中の溶存鉄濃度は, DOCと高い相関をもつことが知られている(例えば楊, 2012)。本研究でも, この関係を調べるためにDOC濃度を測定した(図7)。

風蓮湖集水河川群におけるDOCの空間ならびに季節変化を見ると, DOC濃度は溶存鉄濃度と同様に風蓮川上流(F1〜F3)や中風蓮川(C1〜C3)で低く, 下流に向かうに従い上昇していた。DOC濃度が最も高かったのはN0.5であり7.00 mg/Lを超える値を示している。溶存鉄濃度が最大値と最小値の間におよそ100倍の開きがあったことに対し, DOC濃度はおよそ10倍であり,

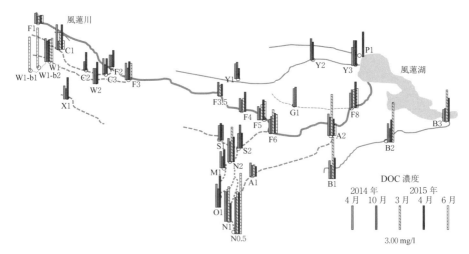

図7 各地点の DOC 濃度。バーの長さが濃度を示す。

各地点の濃度の違いは溶存鉄濃度よりは小さかった。

季節変化を見ると2015年の3, 4, 6月がやや高い値を示している地点が多い。

4.2 風蓮湖水質調査

風蓮湖流入河川群由来の溶存鉄が風蓮湖の水質ならびに基礎生産に与える影響を調べるために，風蓮湖の湖水試料の採水を行い，河川水に準じて分析を行った。湖水試料の採取は，2014年の4月30日に合計16地点で行った。表2に表層水の分析結果を，図8・9にその分析結果を示す。

(1)表層水中の塩分

風蓮湖表層中の塩分を図8に示す。湖内における表層水中の塩分は，16.37〜30.57 psu の範囲であった。風蓮湖流入河川群の河口のある湾奥から，南東部の海への流出口に向かって，表層水中の塩分は大きくなった。

表2 湖水質一覧。n.a.：データ欠測

地点	水温 (℃)	塩分	溶存鉄濃度 (μg/L)	DIN濃度 (μg/L)	DIP濃度 (μg/L)	Chl.a (μg/L)
0	10.27	16.37	28	42.5	6.9	n.a.
3	9.87	17.22	26	74.3	11.7	18.3
4	9.32	17.84	23	43.0	6.5	19.0
5	9.23	17.83	39	20.4	4.6	13.0
8	9.88	16.34	64	78.3	5.3	3.02
9	9.59	17.62	45	7.7	4.1	n.a.
11	8.75	18.51	72	56.5	7.3	15.8
12	7.62	22.40	45	4.9	2.0	15.8
14	7.56	22.58	17	39.4	2.2	12.8
15	8.89	19.43	15	41.2	1.9	16.7
17	4.02	29.51	17	10.6	3.6	6.63
27	3.73	30.15	6	21.9	2.3	5.10
41	8.44	18.86	56	67.2	7.0	19.5
42	9.5	18.23	59	63.9	5.3	19.5

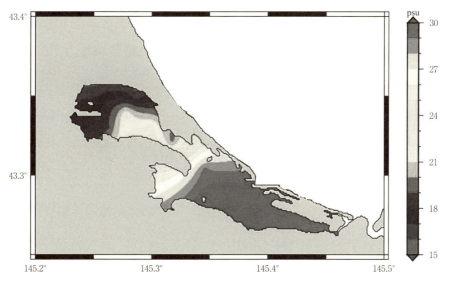

図8 湖表層水中の塩分

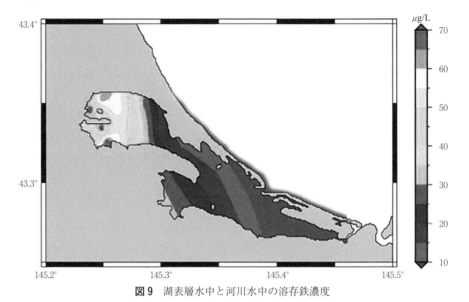

図9 湖表層水中と河川水中の溶存鉄濃度

(2)表層水中の溶存鉄濃度

図9は，風蓮湖の表層水中の溶存鉄濃度の空間分布図である。2014年4月9~10日の調査の際のY3, F8, B3の電気伝導度の値が45.7~72.3と低い値であったことから(P1は未測定)，Y3, F8, B3の地点においてこの時は湖水による希釈および塩水による凝集沈殿はなかったと考える。

湖内では風蓮湖流入河川群の河口のある湾奥から，南東部の海への流出口に向かって，表層水中の溶存鉄濃度は大きく減少していた。P1, Y3, F8などの河川の最下流で観測された2014年溶存鉄濃度と比べると，表層の湖水中の溶存鉄濃度は12~3%の割合で大きく減少していた。

(3)表層水中のクロロフィルa濃度

クロロフィルa濃度を図10に示す。クロロフィルa濃度は風蓮湖流入河川群の河口では高く，海の流出口付近では河口付近より低くなっていた。河口付近の地点のなかでポンヤウシュベツ川の河口で3.0 μg/Lと低い値を示した。

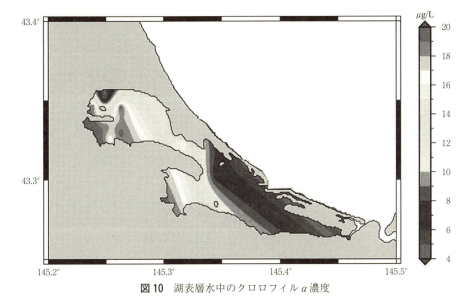

図10 湖表層水中のクロロフィル *a* 濃度

4.3 土地利用・土地被覆分類

　河川水中の溶存鉄濃度と近傍の土地利用・土地被覆状態の関係を考察するために，QGIS 上で第6回環境保全基礎調査の植生図に基づき，流域の土地利用・土地被覆を，牧草地，二次草原，自然林，植林地，湿原・沼沢林，耕作地，市街地の7つに分類し，土地利用・土地被覆図を作製した(図11)。さらに，土地利用・土地被覆図を用い，サンプリング地点毎に各集水域内の土地利用面積を計算し，各集水域に占める割合を算出した(表3)。

　風蓮湖流入域河川流域全体で見ると，土地利用の53％が牧草地によって占められていた。牧草地が占める割合が特に多いのは風蓮湖上流域であり，F1 では集水域の86％を牧草地が占めていた。風蓮川中流域には，自衛隊の所有地である矢臼別演習場がある。ここでは自然林および植林地が広い面積を占めている。風蓮川下流域に向かうに従って湿原・沼沢林の占める割合が増え，F8 では集水域の13％を湿原・沼沢林が占めていた。

図 11　風蓮湖に流入する河川流域の土地利用・土地被覆図

第3章　陸水域〜汽水域の溶存鉄の動きを追う　93

表3　各地点の集水域における土地利用割合（％）

地点	牧草地	二次草原	自然林	植林地	湿原・沼沢林	耕作地	市街地等
A1	64.2	1.5	17.2	8.2	15.7	0.0	1.2
A2	62.1	1.2	8.7	7.2	17.6	0.4	2.8
B1	70.0	1.9	12.9	6.5	5.3	0.6	2.7
B2	60.7	3.6	7.7	13.0	12.1	0.7	2.0
B3	40.7	4.9	27.8	12.3	10.4	0.8	1.6
C1	81.1	0.7	3.0	6.8	3.9	0.0	4.3
C2	78.3	0.4	6.9	7.7	3.6	0.1	2.8
C3	76.4	0.4	10.2	5.6	3.8	1.0	2.3
F1	86.0	0.0	2.0	9.1	0.0	0.0	2.9
F2	74.2	0.3	12.3	6.1	2.5	1.3	3.1
F3	65.1	3.2	17.7	5.2	5.0	0.8	2.6
F3.5	49.4	7.0	27.5	6.3	6.4	0.9	2.3
F4	42.5	9.6	31.8	5.5	7.2	0.8	2.3
F5	43.7	9.1	30.3	5.6	8.1	0.7	2.4
F6	51.1	6.6	23.4	5.5	9.8	0.9	2.5
F8	53.4	5.0	19.4	5.5	13.3	0.8	2.6
G1	57.1	0.0	19.3	8.6	13.3	0.0	1.7
M1	70.5	1.1	10.3	4.8	7.0	2.0	3.0
N0.5	0.3	0.0	50.5	25.8	23.4	0.0	0.0
N1	55.5	0.3	17.5	13.4	11.7	0.0	1.5
N2	67.3	1.3	9.5	5.8	11.6	0.8	3.2
O1	74.6	1.1	4.3	5.3	12.6	0.2	1.9
S1	57.6	1.2	14.9	8.3	10.8	0.8	6.4
S2	42.6	11.2	27.0	5.4	12.3	0.4	1.2
W1	51.1	8.2	22.2	4.5	11.1	1.4	1.5
W2	73.7	2.4	8.3	5.3	5.7	0.0	3.5
X1	71.1	1.8	11.1	5.1	7.2	0.4	2.5
Y1	69.8	0.8	14.9	5.7	4.6	2.7	1.5
Y2	62.7	0.5	14.9	8.9	9.8	1.2	1.9
Y3	59.2	0.6	15.0	8.5	13.4	1.1	2.1

5. 溶存鉄の起源と風蓮湖の基礎生産への寄与

5.1 河川水の溶存鉄濃度

(1)溶存鉄濃度と土地利用割合の比較

　土地利用・土地被覆の違いが河川水中の溶存鉄濃度にどのように影響するか考えるため，各サンプリング地点の溶存鉄濃度とその集水域における土地利用割合の相関関係を見た(表4)。

　溶存鉄濃度は採取したすべてのデータで牧草地と有意な負の相関を示した。また多くのデータで，自然林，沼沢林・湿原と有意な正の相関を示した。特に2014年6月は湿原・沼沢林割合との相関係数が0.74と高い正の相関を示した。

　これらの相関結果から判断すると，湿原・沼沢林や自然林は溶存鉄のポイントソースになっている可能性が高い。その理由として，湿原・沼沢林は地下水位が高く還元的な環境になっているため，土中の鉄が水中に溶出しやすいためではないかと考えている。

　一方，牧草地は一般に地下水位が低く，湿原・沼沢林に比べて乾燥している。根釧台地における牧草地は，台地上の平坦部および緩傾斜部の森林を伐

表4 溶存鉄濃度と土地利用割合の単相関の相関係数(r)。太字はp<0.05の場合を示す。

調査日	牧草地	二次草原	自然林	植林地	湿原,沼沢林	耕作地	市街地等
2014年　4月　9日〜10日	**−0.31**	**0.47**	**0.38**	−0.19	−0.01	0.16	−0.04
6月　4日〜　6日	**−0.65**	0.17	**0.56**	**0.48**	**0.74**	−0.11	−0.42
10月25日〜26日	**−0.38**	0.30	0.34	−0.01	0.48	0.07	−0.15
2015年　3月24日〜25日	**−0.44**	−0.02	**0.44**	**0.43**	0.31	−0.25	−0.33
4月19日〜20日	**−0.53**	0.22	0.49	0.35	**0.45**	−0.17	−0.31
6月18日〜19日	**−0.69**	0.05	**0.64**	0.50	**0.64**	0.03	−0.61
8月　8日〜11日	**−0.74**	**0.59**	**0.62**	−0.17	**0.66**	0.30	−0.45
平　　均	**−0.59**	0.22	**0.55**	0.35	**0.55**	−0.10	−0.33

採することによって開発された経緯がある。一部の牧草地は，川岸の湿原や後背湿地にも広がっており，地下水位が高いものの，これらの牧草地の面積は小さい。総合的にみると，牧草地では土壌中の酸化が進み，溶存鉄が土壌粒子中に溶出しにくい可能性がある。

自然林が溶存鉄濃度と正の相関を示す理由は地下水位では説明できない。なぜならば，自然林では地下水位が高いとはいえないからである。湿原・沼沢林同様，自然林から供給される腐植物質が，鉄の錯体形成を通じて溶存鉄の溶出に寄与しているのかもしれない。

(2) DOC 濃度と土地利用割合の比較

溶存鉄の水中への溶出に果たす腐植物質の役割を検討するため，溶存鉄と同様に DOC 濃度と土地利用との関係を調べてみた(表5)。その結果，DOC 濃度は，牧草地とは多くのデータで，市街地とはいくつかのデータに有意な負の相関を示した。DOC は一般に自然由来のもの，人為由来のもののふたつの起源があるが，調査地域の市街地は小規模であり，人為由来の DOC は限られている。

DOC 濃度は自然林や湿原・沼沢林と有意な正の相関を示した。特に湿原・沼沢林とは 2014 年 4 月以外すべての月で高い相関を示していた。この結果から，泥炭湿原特有の泥炭土壌から高濃度の DOC が河川水中へ流出している可能性がある。また，自然林とも多くのデータで正の相関を示すこと

表5　DOC 濃度と土地利用割合の単相関の相関係数(r)。太字は $p < 0.05$ の場合を示す。

調査日	牧草地	二次草原	自然林	植林地	湿原,沼沢林	耕作地	市街地等
2014 年　4 月 9 日〜10 日	0.06	−0.19	−0.26	0.18	**0.35**	−0.18	−0.02
10 月 25 日〜26 日	**−0.66**	−0.09	**0.53**	0.62	**0.78**	−0.13	**−0.48**
2015 年　3 月 24 日〜25 日	−0.64	−0.11	0.46	0.67	**0.77**	−0.22	**−0.41**
4 月 19 日〜20 日	**−0.47**	−0.11	0.33	0.46	**0.62**	−0.26	−0.76
6 月 18 日〜19 日	**−0.72**	−0.12	**0.65**	0.59	**0.68**	−0.07	−0.76
平　　均	**−0.61**	−0.11	**0.47**	0.58	**0.73**	−0.22	−0.37

から，上述した自然林由来の DOC が鉄と錯体を形成し，腐植錯体鉄として河川水中に溶存している可能性を強く示唆している。

(3)溶存鉄濃度と DOC 濃度の関係

DOC の大部分を占める腐植物質は鉄と錯体を形成し，鉄を運ぶ重要な役割を果たすことが知られおり(Ross and Sherrell, 1999；松永，1993)，河川中の溶存鉄濃度と DOC 濃度に有意な正の相関があることが報告されている(Pettersson and Bishop, 1996；長尾，2008)。そこで本研究でも同様に溶存鉄濃度と DOC 濃度の関係を調べた(図12)。

その結果，すべての月で溶存鉄濃度と DOC 濃度の間に有意な正の相関が見られ，本研究対象河川でも DOC が溶存鉄の流出に影響していることがわかった。土地利用との関係も合わせて考えると，湿原・沼沢林や自然林から供給される高濃度の DOC が，溶存鉄と共に河川水中に流出し，溶存鉄は腐植錯体鉄として溶存状態を保っていると考えられる。

(4)溶存鉄濃度と地下水位の関係

本研究地域では，DOC 濃度と溶存鉄濃度との間には正の相関があり，腐植錯体鉄の存在が強く示唆される。しかし，その相関係数が低い月もあり，必ずしも DOC 濃度だけが溶存鉄濃度の決定要因ではないことを示している。また，濃度の空間分布を見ると，DOC 濃度は最大濃度と最小濃度の間におよそ 10 倍程度の差があるだけなのに対し，溶存鉄濃度には上限と下限の間におよそ 100 倍の開きがある。これより，DOC 濃度以外にも溶存鉄濃度を大きく左右している要因があるのではないかと考えた。

鉄は一般的に還元的環境下では溶存態となり，溶存鉄，コロイド鉄，腐植錯体鉄という形で水中に溶出する。還元的な環境をつくり出す条件は，マクロスケールの土地利用・土地被覆の解析からだけでは見えない，ミクロなスケールの土地条件および地下水位の高低が関与している可能性がある。そこで，風蓮川上流域に位置し，マクロスケールの土地利用・土地被覆条件が同じであるにもかかわらず，溶存鉄濃度が全く異なる F-1 地点と W-b1 地点

第 3 章 陸水域〜汽水域の溶存鉄の動きを追う 97

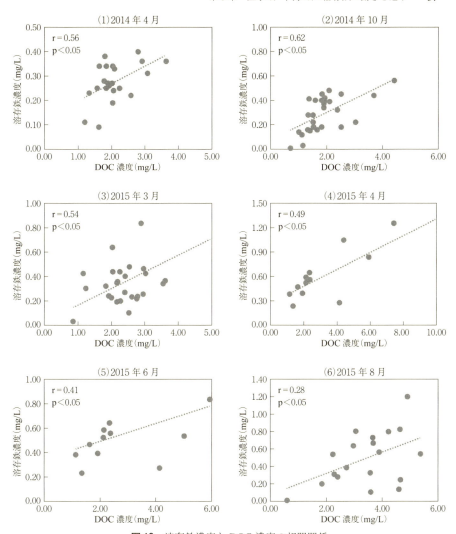

図 12 溶存鉄濃度と DOC 濃度の相関関係

の土地条件の比較を行った。

　最初に，地表面の水文状態を概観するために，ドローンを用いて上空から写真およびビデオ撮影を行った(2015年6月18日)。ところが，樹木の林冠が障害となり，写真や動画から地表面の水文状況を把握するのは困難であることがわかった。ただし，河畔林や牧草地の分布に関しては，地形図ではわからない詳細な形まで明瞭に追跡することができ，ドローンによる上空からの地表面観察は有効であった。

　上空からはわからない河畔林床の水文環境を明らかにするため，2015年8月9日の調査の際，河川に直交するように複数トランセクトを設定し，トランセクトに沿って土地の水文状況と植生分布を調査した(図13, 14)。

F-1 流域

　風蓮川に直行する4つのトランセクトで地表面の断面図，ならびに植生分

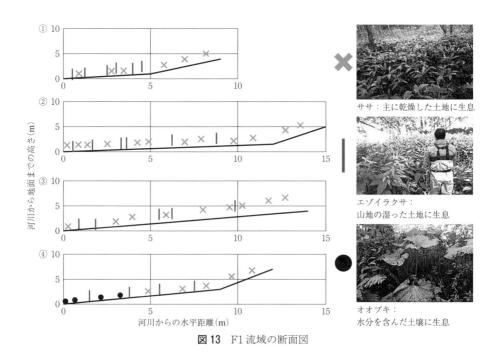

図13 F1流域の断面図

布プロファイルを作製し，植生群落の構成から地下水位を判断した．

①〜③のトランセクトでは，土地の乾燥化の指標ともされているササが優先的に分布し地表面は乾いていた．一方，④のトランセクトでは，表層土壌は水分を含んでおり，オオブキが優占的に分布していた(図13)．

W1-b1 流域

トランセクト①〜④まで共通して林床は湿地であった．植生はカブスゲが優占的に分布しており，大部分の地表面が湿っていた．ササは傾斜のある乾いた地面のみに生息していた(図14)．

地表面の水文状況と植生分布の調査により，上空から俯瞰すると同様の高木によって覆われる河畔林帯をもつ集水域でも，W1-b1 の河畔林における地下水位が F1 より高いことがわかった．調査した 2015 年 8 月の W1-b1 の溶存鉄濃度は，F1 のおよそ 70 倍の濃度であった．これは W1-b1 集水域の地下水位が高いため，この流域では河畔林の林床に還元的な環境がつくられ，ここから高濃度の鉄が土壌水ならびに河川水中に溶出していると考えられる．

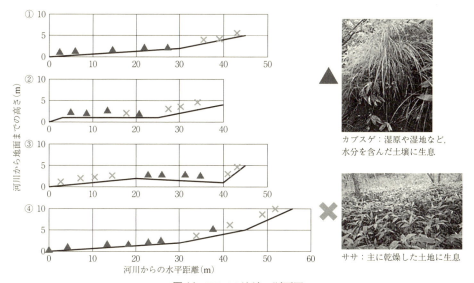

図14 W1-b1 流域の断面図

(5)降雨イベント前後の溶存鉄濃度の比較

いくつかの先行研究で強度の高い降雨の後に河川中の溶存鉄濃度が高くなったことが報告されている(Jiann et al., 2013; Absser et al., 2006)。そこで本研究対象河川でも,降雨イベント時にサンプルを採取し,降雨イベントが河川水中の溶存鉄濃度に与える影響を調べてみた。

図15は,8月10日～11日にかけて風蓮川流域に降った降水のハイエトグラフである。8月10日の16:00に30 mm/hという強度の高い降水があり,この直後にF1とF2で河川水を採水した。しかし,夕刻が迫っていたため,この日の採水はここで切り上げた。この日,19:00～20:00にかけては,40 mm/hに達するかなりの強度の降水が続いている。

翌11日には未明の02:00に同様な強度の降水があった。F3～F8において採水を行ったのは,この降水の6時間後にあたる10:00である。この6時間の間に降った雨は,20 mm程度と少ない。

分析の結果,降雨イベント後の溶存鉄濃度は,8月8～9日の無降水時に比べ,F1で30倍,F2で4倍と,急激に増加した。一方F3～F8に至る中流～下流にかけての採水地点では,無降水時に比べて溶存鉄濃度が半分程度

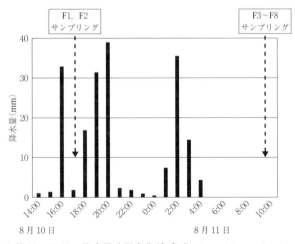

図15 8月10～11日の降水量時間変化(気象庁:http://www.data.jma.go.jp)

第3章 陸水域〜汽水域の溶存鉄の動きを追う 101

に減少するという上流とはまったく異なる変化が観察された。

風蓮川の上流(F1, F2)と中・下流(F3〜F8)で降水に対し, 河川水中の溶存鉄がまったく異なる挙動を示した原因については, 降水イベントと採水時間の間の時間の長さによると考えられる。前述したように, 溶存鉄は還元的な環境で流出しやすく, 過湿状態にある地表面の下は還元的な環境である。降雨イベントによって地表面の下の高濃度の溶存鉄を含んだ土壌水が押し出されることでF1, F2では急激に濃度が増加したと考えた。一方, F3〜F8においても高濃度の溶存鉄を含んだ土壌水が降雨直後に河川水中に流出したと考えられるが, 時間の経過とともに広い集水域から集まってくる河川水によって, 溶存鉄が希釈されたものと考えた。

5.2 風蓮湖流入河川が風蓮湖に輸送する溶存鉄・栄養塩フラックスの定量化

河川を通じて風蓮湖に輸送される溶存鉄・栄養塩フラックスは, 風蓮湖の基礎生産を考える上で重要な一要因と思われる。しかし, 風蓮湖流入河川では定期的な流量観測が行われておらず, 本研究で求めた溶存鉄濃度や栄養塩濃度をフラックスに換算することができない。そこで, ここでは北海道立総合研究機構が有する風蓮川の非公開流量データを利用し, 風蓮川 F8 地点を通過する溶存鉄・栄養塩フラックスの定量化を試みた(表6〜8)。

流量データは 4〜12 月にかけて観測されたものである。冬季は河川表面が凍結するため観測が行われていない。そこで, 1〜3 月の流量は12月の流量と変わらないと仮定し, 年間の流量を算出した。また, 本研究で採水をしていない月の溶存鉄や濃度は, 季節が同じで月間流量が近い月の溶存鉄濃度と栄養塩濃度を充てることにした。このようにして見積もられた年間フラックス値であるので実際の値との差は相当大きな可能性がある。

上述の方法によって見積もられた F8 を通過する風蓮川の溶存鉄フラックス, 溶存無機窒素(DIN)フラックス, 溶存無機リン(DIP)フラックスの年間推定値はそれぞれ, 619,000 kg/年, 532,000 kg/年, 30,900 kg/年であった。

本研究で得られた年間の溶存鉄フラックスは, これらの主要な栄養塩フ

表6 F8における溶存鉄の推定。濃度と流量の（ ）のなかは推定値

月	溶存鉄濃度 $\times 10^{-4}(\mathrm{kg/m^3})$	流量 $\times 10^{7}(\mathrm{m^3/月})$	フラックス $\times 10^{4}(\mathrm{kg/月})$
1	(4.3)	(9.0)	3.9
2	(4.3)	(9.0)	3.9
3	4.3	(9.0)	3.9
4	5.9	14.3	8.4
5	(5.2)	7.0	3.6
6	5.2	5.9	3.1
7	(8.3)	6.1	5.1
8	8.3	7.1	5.9
9	(4.8)	14.2	6.8
10	4.8	17.1	8.2
11	(4.8)	11.0	5.3
12	(4.3)	9.0	3.9
合計		118.7	61.9

表7 F8におけるDINの推定。濃度と流量の（ ）のなかは推定値

月	DIN $\times 10^{-4}(\mathrm{kg/m^3})$	流量 $\times 10^{7}(\mathrm{m^3/月})$	フラックス $\times 10^{4}(\mathrm{kg/m^3})$
1	(3.8)	(9.0)	3.5
2	(3.8)	(9.0)	3.5
3	(7.6)	(9.0)	6.9
4	7.6	14.3	10.9
5	(3.4)	7.0	2.4
6	3.4	5.9	2.0
7	(3.4)	6.1	2.1
8	(3.4)	7.1	2.4
9	(3.8)	14.2	5.5
10	3.8	17.1	6.6
11	(3.8)	11.0	4.2
12	(3.8)	9.0	3.5
合計		118.7	53.2

表8 F8における DIP の推定。濃度と流量の( )のなかは推定値

月	PIN $\times 10^{-3}(\text{kg/m}^3)$	流量 $\times 10^7(\text{m}^3/\text{月})$	フラックス $\times 10^3(\text{kg/m}^3)$
1	(3.8)	(9.0)	3.4
2	(3.8)	(9.0)	3.4
3	(3.8)	(9.0)	3.4
4	3.8	14.3	5.5
5	(2.1)	7.0	1.4
6	2.1	5.9	1.2
7	(2.1)	6.1	1.3
8	(2.1)	7.1	1.5
9	(1.9)	14.2	2.7
10	1.9	17.1	3.3
11	(1.9)	11.0	2.1
12	(1.9)	9.0	1.7
合計		118.7	30.9

ラックスとほぼ同じオーダーの値であった。

　栄養塩のフラックスについて三上ほか(2008)は，方法論的に厳しいと断りながらも，F8における1998～99年の全窒素および全リンフラックスをそれぞれ500,000 kg/年，41,000 kg/年と見積もった。この地域では2004年に「家畜排せつ物の管理の適正化及び利用の促進に関する法律」が完全施行され，現在では，家畜排せつ物を保管する際，不浸透性の材料で構築された床に適切な覆いと側壁を有する施設にて管理することが義務づけられている。この政策によって以前より，家畜排せつ物に由来する成分が河川へ流出しにくい環境になってきていると思われるが，本研究で推定した窒素フラックスは過去とほぼ変わらない値であった。三上ほか(2014)は，風蓮湖流域河川を対象として，家畜排せつ物法施行前後の水質環境を比較し，全リン濃度には改善傾向が見られた一方，全窒素濃度はあまり変化せずと報告した。本研究もこれと似た結果となった。この原因について，三上ほか(2014)は排せつ物の表面流出などに起因する有機態窒素や懸濁態窒素などの窒素流出はかなり抑制されていると思われたが，流域内に排せつ物がストックされる量や期間が増

加したことによって，NO$_3$-N の基底流出量が減少していないためと推察した。

5.3 風蓮湖の水質に与える影響
(1)河川から風蓮湖に流入する際の溶存成分の推移

河川中の溶存鉄濃度と比較すると，湖表層水中の溶存鉄濃度は 3～12％の濃度であり，湖に流入する際に大きく減少していた(図9)。また，湖内では，塩分濃度は 16.3～30.6 psu の範囲で湖奥から海への流出口に向けて上昇していった(図8)のに対し，溶存鉄濃度は 6.2～72.4 µg/L の範囲で湖奥から海への流出口に向けて急激に減少していた。海水は河川水と比較して溶存鉄濃度が低いため，海水混合すると希釈によって溶存鉄濃度は減少する。しかし，希釈によってのみ減少するのであれば，溶存鉄濃度の減少と塩分の増加は比例関係になり，図16のプロットは直線上に位置するはずである(Holliday and Liss, 1976)。しかし塩分濃度の増加と溶存鉄濃度の減少は比例関係ではなくプロットは直線上にない。これより海水との混合による希釈効果に加えて，溶存鉄が塩分との凝集によって湖底への沈殿していることがわかる(Boyle et al., 1974)。

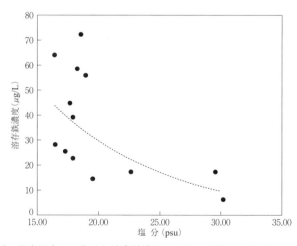

図16 湖表層水中の塩分と溶存鉄濃度の関係。点線は対数近似である。

(2)基礎生産への溶存鉄の寄与について

Tett et al.(2003)によると，植物プランクトンが増殖の際に使用する溶存成分の元素割合は，およそ $N:P:Fe = 16:1:0.005$ である。この比からわかるように植物プランクトンが使用する溶存鉄は栄養塩に比べ極めて微量である。この比を用いて溶存鉄が植物プランクトンの制限要素になっていないか考察する。

湖表層水中のPを基準にすると，N/P：=19.7(範囲は4.1〜48.0)，Fe/P＝0.31(範囲は0.08〜0.80)となった。Fe/Pはすべての地点で必要量の0.005を大きく超えていた。これは4月に高濃度の PO_4-P が流出していたことを考慮しても，風蓮湖において溶存鉄は十分量存在し，植物プランクトン生産の制限要素になっていないことを示す。

6. ま と め

かつてその流域に広大な湿原や森林が広がっており，現在は日本有数の酪農地帯となった風蓮湖流入河川流域を対象として，①基礎生産を左右する河川溶存物質(溶存鉄，溶存有機炭素)の供給源の特定，②河川を通じた溶存成分フラックスの定量化，③陸域から河川を通じて湖にもたらされる溶存鉄が，湖の基礎生産に与える影響の解明，④酪農開拓による湿原の草地化が溶存鉄供給量に与える影響の解明を目的に調査・研究を実施した。その結果，以下のことが判明した。

①溶存鉄は，湿原・沼沢林および自然林をポイントソースとして，河川水中に輸送される。特に重要な条件は，地下水位であり，過湿状態になった湿原や河畔林の林床が溶存鉄の主要な供給源であることが判明した。

②風蓮川が輸送する溶存鉄フラックスの年間推定値は，619,000 kg/年であった。

③風蓮湖流入河川群が風蓮湖に輸送する栄養塩フラックスと溶存鉄フラックスの比率から，現在，溶存鉄は十分以上に存在しており，風蓮湖の基礎生産の律速条件になっているとは考えがたい。

④酪農開拓によって溶存鉄の供給源としての湿原や沼沢地，および森林は大きく減少したが，その状況でも風蓮湖の基礎生産を維持するには十分な量の溶存鉄が風蓮湖流入河川群から風蓮湖に供給されている。よって，溶存鉄に関する限り，酪農開拓による影響はないと判断される。

[引用・参考文献]

Abesser, C., Robinson, R., and Soulsby, C. (2006) Iron and manganese cycling in the storm runoff of a Scottish upland catchment. Journal of Hydrology 326(1-4): 59-78.

Boyle, E., Collier R., Dengler, A. T., Edmond, J. M., Ng, A. C., and Stallard, R. F. (1974) On the chemical mass-balance in estuaries. Geochimica et Cosmochimica Acta 38: 1719-1728.

Coale, K. H., Worsfold, P., and de Baar, H. J. W. (1999) Iron age in Oceanography EOS 80(34): 377-382.

藤島洸(2013)流域の土地利用が河川水溶存成分に与える影響評価—網走川の事例. 北海道大学大学院環境科学院 平成25年度修士論文.

Gran, H. H. (1931) On the conditions for the production of plankton in the sea. Rapports et procès-verbaux des réunions/Conseil permanent international pour l'exploration de la mer 75: 37-46.

芳賀真一(2010)根釧パイロットファームの光と影(道新選書). 北海道新聞社. 122 pp. 札幌.

平川一臣(2003)根釧台地と歯舞・色丹諸島—千島弧外隆起帯とその周辺, pp. 156-163. 日本の地形2 北海道(小疇尚・野上道男・小野有五・平川一臣編). 東京大学出版会.

北海道漁業団体公害対策本部(1976)新酪農村建設計画と漁業公害—サケ・マス漁業および増殖に及ぼす影響. 北海道漁業団体公害対策室管内漁業協同組合長会. 168 pp.

Holliday, L. M., and Liss, P. S. (1976) The behavior of dissolved iron, manganese and zinc in the beaulieu estuary, S. England. Estuarine and Coastal Marine Science 4: 349-353.

Jiann, K. T., Santschi, P. H., and Presley, B. J. (2013). Relationships between geochemical parameters (pH, DOC, SPM, EDTA concentrations) and trace metal (Cd, Co, Cu, Fe, Mn, Ni, Pb, Zn) concentrations in river waters of Texas (USA). Aquatic Geochemistry 19(2): 173-193.

Martin, J. H., and Fitzwater, S. E. (1988), Iron deficiency limits phytoplankton growth in the North-East Pacific subarctic. Nature 331: 341-343.

松永勝彦(1993)森が消えれば海も死ぬ. 講談社. 194 pp.

Matsunaga, K., Igarashi, K., Fukase, S., and Tsubota, H. (1984) Behavior of organically-bound iron in seawater of estuaries. Estuarine, Coastal and Shelf Sciences 18: 615-622.

三上英敏・藤田隆男・坂田康一(2008)酪農地帯，風蓮湖流入河川の水質特性. 北海道環境科学センター所報 34：19-40.

三上英敏・五十嵐聖貴(2014)家畜排せつ物法施行後における風蓮湖流域河川の水質環境変化について. 環境科学研究センター所報 4：37-43.

門谷茂・真名垣友樹・柴沼成一郎(2011)酪農業の進展と風蓮湖の生物生産構造変化. 沿岸海洋研究 49(1)：59-67.

長尾誠也(2008)水中の腐植物質, pp. 30-48. 環境中の腐植物質—その特徴と研究法(石渡良志・米林甲陽・宮島徹編). 三共出版.

長尾誠也・寺島元基・関宰・川東正幸・児玉宏樹・Kim, V. I.・Shesterkin, V. P.・Levshina,

S. I.・Makhinov, A. N.(2012)河川・汽水域における溶存鉄の挙動. 海洋と生物 198: 42-48.

夏目奏・澤柿教伸・白岩孝行(2014)土地利用・土地被覆の違いが河川水質成分および沿岸の磯焼けに与える影響評価—道南上ノ国町を例に. 経済學論叢 65(3)：347-369.

西岡純(2006)北太平洋における鉄の存在状態と鉄が生物生産におよぼす影響に関する研究. 海の研究 15：19-36.

Nishioka, J., Nakatsuka, T., Ono, K., Volkov, Yu. N., Scherbinin, A., and Shiraiwa, T. (2014) Quantitative evaluation of iron transport processes in the Sea of Okhotsk. Progress in Oceanography 126: 180-193. doi: 10.1016/j.pocean.2014.04.011

Nishioka, J., Nakatsuka, T., Watanabe, Y., Yasuda, I., Kuma, K. Ogawa, H., Ebuchi, N., Scherbinin, A., Volkov, Y., Shiraiwa, T., and Wakatsuchi, M. (2013) Intensive mixing along an island chain controls oceanic biogeochemical cycles. Global Biogeochemical Cycles 27: 1-10. doi: 10.1002/gbc.20088

Pettersson, C., and Bishop, K. (1996) Seasonal variation of total organic carbon, iron, and aluminum on the Svartberget catchment in northern Sweden. Environment International 22: 541-549.

Ross, J. M., and Sherrell, M. R. (1999) The role of colloids in tracemetal transport and absorption behavior in New Jersey Pinelands stream. Limnology and Oceanography 44(4): 1019-1034.

白岩孝行(2011)魚附林の地球環境学—親潮・オホーツク海を育むアムール川. 昭和堂. 226 pp. 京都.

Shiraiwa, T. (2012) Giant Fish-Breeding Forest: a new environmental system linking continental watershed with open water, pp. 73-85. *In* The Dilemma of Boundaries: Towards a New Concept of Catchment (eds. Taniguchi, M., and Shiraiwa, T.). Springer. doi: 10.1007/978-4-431-54035-9.

Stookey, L. L. (1970) Ferrozine: a new spectrophotometric reagent for iron. Analytical Chemistry 42(7): 779-781.

Tett, P., Hydes, D., and Sanders, R. (2003) Influence of nutrient biogeochemistry on the ecology of northwest European shelf seas, pp. 293-363. *In* Biogeochemistry of Marine Systems(eds. Black, K. D. and Shimmield, G. B.). Blackwell.

若菜博(2015)内陸森林と魚附林. 森林科学 75：2-6.

Wakana, H. (2012) History of "Uotsukirin" (Fish-Breeding Forests) in Japan, pp. 145-160. *In* Dilemma of Boundaries Towards a New Concept of Catchment (eds. Taniguchi, M., and Shiraiwa, T.). Springer.

Wen, L. S., Stordal, M. C., Tang, D., Gill, G. A., and Santschi, P. H. (1996) An ultraclean cross-flow ultrafiltrarion technique for the study of trace matal phase speciation in seawater. Marine Chemistry 55: 129-152.

Wu, J., and Lutter, III G. W. (1994) Size-fractionated iron concentrations in the water column of the western North Atlantic Ocean. Limnology and Oceanography 39: 1119-1129.

Wu, J., and Lutter, III G. W. (1996) Spatial and temporal distribution of iron in the surface water of the north-western Atlantic Ocean. Geochimica et Cosmochimica Acta 50: 2729-2741.

山室真澄・石飛裕・中田喜三郎・中村由行(2013)貧酸素水塊, 現状と対策. 生物研究社. 227 pp. 東京.

楊宗興(2012)陸面における溶存鉄の溶出・流出. 海洋と生物 198：49-58.

付表1 水質分析結果一覧。2014 年 4 月 9〜10 日。n.a.：データ欠測

地点名	水温 (℃)	pH	EC (μS/cm)	溶存鉄 (mg/L)	DOC (mg/L)	NH_4-N (mg/L)	NO_2-N (mg/L)	NO_3-N (mg/L)	PO_4-P (mg/L)	SiO_4-Si (mg/L)
A1	n.a.	n.a.	64	0.09	1.61	0.088	0.011	0.401	0.022	0.772
A2	n.a.	n.a.	52	0.22	2.58	0.178	0.020	0.594	0.036	0.578
B1	n.a.	n.a.	68	0.27	2.01	0.236	0.017	0.799	0.056	0.532
B2	n.a.	n.a.	67	0.25	2.24	0.256	0.022	0.933	0.080	1.751
B3	n.a.	n.a.	72	0.25	1.57	0.140	0.019	0.643	0.047	0.765
C1	n.a.	n.a.	68	0.31	3.08	0.139	0.019	0.639	0.045	0.774
C2	n.a.	n.a.	n.a.	n.a.	n.a.	n.a.	n.a.	n.a.	n.a.	n.a.
C3	n.a.	n.a.	55	0.25	1.84	0.152	0.017	0.622	0.067	1.393
F1	n.a.	n.a.	109	0.11	1.19	0.053	0.013	0.542	0.011	0.385
F2	n.a.	n.a.	78	0.23	1.34	n.a.	n.a.	n.a.	n.a.	n.a.
F3	n.a.	n.a.	56	0.33	2.08	0.095	0.017	0.862	0.041	0.724
F3.5	n.a.	n.a.	n.a.	n.a.	n.a.	0.108	0.023	0.815	0.051	1.088
F4	n.a.	n.a.	43	0.51	1.56	n.a.	n.a.	n.a.	n.a.	n.a.
F5	n.a.	n.a.	43	0.56	1.52	0.052	0.016	0.471	0.022	0.683
F6	n.a.	n.a.	46	0.59	1.77	0.062	0.018	0.539	0.025	0.684
F8	n.a.	n.a.	46	0.56	1.83	0.126	0.023	0.615	0.038	0.900
G1	n.a.	n.a.	47	0.19	2.03	0.162	0.020	0.566	0.035	1.140
K1	n.a.	n.a.	33	0.28	1.78	0.202	0.015	0.574	0.037	0.565
M1	n.a.	n.a.	80	0.24	2.06	0.106	0.015	0.303	0.037	0.631
N0.5	n.a.	n.a.	26	n.a.	n.a.	n.a.	n.a.	n.a.	n.a.	n.a.
N1	n.a.	n.a.	44	0.36	3.64	0.305	0.017	0.478	0.042	0.633
N2	n.a.	n.a.	65	0.36	2.92	0.196	0.020	0.768	0.052	0.932
O1	n.a.	n.a.	65	n.a.	2.73	0.140	0.019	0.717	0.047	1.071
P1	n.a.	n.a.	n.a.	0.20	n.a.	0.223	0.019	0.828	0.047	0.681
S1	n.a.	n.a.	44	0.27	1.90	0.162	0.018	0.487	0.046	1.021
S2	n.a.	n.a.	47	0.26	1.92	0.112	0.023	0.521	0.058	1.437
W1	n.a.	n.a.	46	0.40	2.79	0.121	0.008	0.670	0.019	2.393
W2	n.a.	n.a.	45	0.34	1.84	0.203	0.009	0.455	0.022	0.629
X1	n.a.	n.a.	25	0.34	1.64	0.105	0.007	0.434	0.028	0.610
Y1	n.a.	n.a.	49	0.38	1.80	0.031	0.005	0.082	0.006	0.575
Y2	n.a.	n.a.	n.a.	0.34	n.a.	0.108	0.013	0.550	0.042	1.036
Y3	n.a.	n.a.	50	0.34	2.03	0.110	0.011	0.541	0.033	0.899
W1-B1	n.a.	n.a.	n.a.	n.a.	n.a.	n.a.	n.a.	n.a.	n.a.	n.a.
W1-B2	n.a.	n.a.	n.a.	n.a.	n.a.	n.a.	n.a.	n.a.	n.a.	n.a.

付表2 水質分析結果一覧。2014年6月4〜6日

地点名	水温 (℃)	pH	EC (μS/cm)	溶存鉄 (mg/L)	DOC (mg/L)	NH_4-N (mg/L)	NO_2-N (mg/L)	NO_3-N (mg/L)	PO_4-P (mg/L)	SiO_4-Si (mg/L)
A1	n.a.	7.79	160	0.16	0.02	0.088	0.011	0.401	0.013	5.770
A2	n.a.	7.65	150	0.4	0.02	0.178	0.020	0.594	0.018	3.332
B1	n.a.	7.6	146	0.12	0.02	0.236	0.017	0.799	0.017	3.518
B2	n.a.	7.84	152	0.16	0.02	0.256	0.022	0.933	0.018	4.515
B3	n.a.	7.63	1377	0.13	0.03	0.140	0.019	0.643	0.012	0.836
C1	n.a.	7.01	142	0.09	0.03	0.139	0.019	0.639	0.011	2.125
C2	n.a.	7.34	145	0.09	0.02	n.a.	n.a.	n.a.	0.014	1.633
C3	n.a.	7.34	146	0.16	0.02	0.152	0.017	0.622	0.015	2.642
F1	n.a.	6.65	196	0.02	n.a.	0.053	0.013	0.542	n.a.	n.a.
F2	n.a.	7.26	146	0.1	0.01	n.a.	n.a.	n.a.	0.013	1.147
F3	n.a.	n.a.	132	0.24	0.02	0.095	0.017	0.862	0.026	2.804
F3.5	n.a.	7.48	113	0.25	0.02	0.108	0.023	0.815	0.021	3.061
F4	n.a.	7.53	106	0.32	0.02	n.a.	n.a.	n.a.	0.018	2.097
F5	n.a.	7.51	107	0.35	0.02	0.052	0.016	0.471	0.017	4.077
F6	n.a.	7.44	124	0.35	0.02	0.062	0.018	0.539	0.015	2.659
F8	n.a.	7.97	131	0.38	0.02	0.126	0.023	0.615	0.021	3.924
G1	n.a.	7.47	141	0.4	0.03	0.162	0.020	0.566	0.023	5.790
K1	n.a.	7.34	87	n.a.	0.02	0.202	0.015	0.574	0.021	3.349
M1	n.a.	7.74	186	0.18	0.02	0.106	0.015	0.303	0.011	1.705
N0.5	n.a.	7.21	54	0.77	0.03	n.a.	n.a.	n.a.	0.004	0.201
N1	n.a.	7.56	134	0.43	0.01	0.305	0.017	0.478	0.017	2.769
N2	n.a.	7.75	181	0.23	0.02	0.196	0.020	0.768	0.046	5.668
O1	n.a.	7.55	180	0.28	0.01	0.140	0.019	0.717	0.010	2.148
P1	n.a.	7.42	181	0.27	0.02	0.223	0.019	0.828	0.010	1.566
S1	n.a.	7.43	110	0.39	0.03	0.162	0.018	0.487	0.040	3.013
S2	n.a.	7.46	125	0.39	0.02	0.112	0.023	0.521	0.008	1.256
W1	n.a.	7.02	135	0.31	0.02	0.121	0.008	0.670	0.012	1.561
W2	n.a.	7.34	1253	0.23	0.03	0.203	0.009	0.455	0.005	4.397
X1	n.a.	7.34	55	0.26	0.02	0.105	0.007	0.434	0.007	1.427
Y1	n.a.	7.25	141	0.24	0.01	0.031	0.005	0.082	0.015	1.585
Y2	n.a.	7.64	131	0.39	0.03	0.108	0.013	0.550	0.029	2.423
Y3	n.a.	7.28	5361	0.26	0.03	0.110	0.011	0.541	0.023	2.951
W1-B1	n.a.	n.a.	n.a.	n.a.	n.a.	n.a.	n.a.	n.a.	n.a.	n.a.
W1-B2	n.a.	n.a.	n.a.	n.a.	n.a.	n.a.	n.a.	n.a.	n.a.	n.a.

付表3 水質分析結果一覧。2014 年 10 月 25～26 日

地点名	水温 (℃)	pH	EC (μS/cm)	溶存鉄 (mg/L)	DOC (mg/L)	NH_4-N (mg/L)	NO_2-N (mg/L)	NO_3-N (mg/L)	PO_4-P (mg/L)	SiO_4-Si (mg/L)
A1	n.a.	7.79	149	0.16	1.66	0.017	0.010	0.293	0.017	5.322
A2	n.a.	7.65	161	0.39	2.11	0.023	0.021	0.620	0.032	5.019
B1	n.a.	7.60	98	0.18	1.53	0.018	0.009	0.259	0.016	2.105
B2	n.a.	7.84	143	0.22	1.51	0.016	0.006	0.338	0.016	2.553
B3	n.a.	7.63	1772	0.18	1.81	0.037	0.006	0.196	0.018	1.773
C1	n.a.	7.01	182	0.03	1.15	0.010	0.006	0.650	0.007	0.892
C2	n.a.	7.34	145	0.14	1.00	0.012	0.005	0.432	0.008	1.426
C3	n.a.	7.34	149	0.12	1.12	0.013	0.007	0.528	0.010	1.802
F1	n.a.	6.65	199	0.01	0.71	n.a.	n.a.	n.a.	n.a.	n.a.
F2	n.a.	7.26	158	0.15	1.41	0.009	0.004	0.831	0.012	0.837
F3	n.a.	7.26	140	0.28	1.35	0.012	0.002	0.365	0.006	1.031
F3.5	n.a.	7.48	125	0.40	1.60	0.010	0.002	0.277	0.004	0.466
F4	n.a.	7.44	112	0.41	1.38	0.012	0.005	0.376	0.013	2.430
F5	n.a.	7.51	127	0.45	1.83	0.011	0.003	0.307	0.007	1.265
F6	n.a.	7.44	88	0.42	1.94	0.009	0.001	0.259	0.004	2.770
F8	n.a.	7.97	302	0.48	2.08	0.017	0.007	0.360	0.019	2.083
G1	n.a.	7.47	151	n.a.	2.73	0.018	0.005	0.274	0.014	2.325
K1	n.a.	7.34	94	0.40	1.82	0.019	0.004	0.336	0.010	1.454
M1	n.a.	7.74	184	0.28	1.51	0.017	0.002	0.206	0.006	1.550
N0.5	n.a.	7.21	52	0.56	4.42	0.015	0.010	0.023	0.007	0.447
N1	n.a.	7.56	93	0.44	3.69	0.017	0.008	0.137	0.011	1.406
N2	n.a.	7.75	179	0.32	2.39	0.013	0.003	0.214	0.006	0.982
O1	n.a.	7.55	183	0.32	2.37	0.016	0.009	0.614	0.035	3.979
P1	n.a.	7.42	1001	0.34	n.a.	0.020	0.011	0.677	0.015	4.710
S1	n.a.	7.43	114	0.37	1.90	0.036	0.011	0.380	0.076	1.808
S2	n.a.	7.46	130	0.45	2.52	0.013	0.008	0.224	0.012	1.992
W1	n.a.	7.02	138	0.54	2.14	0.028	0.008	0.314	0.014	2.296
W2	n.a.	7.34	135	0.34	1.89	0.021	0.004	0.461	0.006	3.432
X1	n.a.	7.25	54	0.16	1.33	0.013	0.003	0.361	0.004	1.463
Y1	n.a.	7.53	148	0.39	1.92	0.008	0.011	0.019	0.014	1.361
Y2	n.a.	7.64	147	0.18	2.51	0.019	0.013	0.331	0.006	5.085
Y3	n.a.	7.28	13857	0.22	3.04	0.019	0.007	0.235	0.007	1.722
W1-B1	n.a.	n.a.	n.a.	n.a.	n.a.	n.a.	n.a.	n.a.	n.a.	n.a.
W1-B2	n.a.	n.a.	n.a.	n.a.	n.a.	n.a.	n.a.	n.a.	n.a.	n.a.

第 3 章 陸水域〜汽水域の溶存鉄の動きを追う 111

付表 4 水質分析結果一覧。2015 年 3 月 24〜25 日

地点名	水温 (℃)	pH	EC (μS/cm)	溶存鉄 (mg/L)	DOC (mg/L)	NH_4-N (mg/L)	NO_2-N (mg/L)	NO_3-N (mg/L)	PO_4-P (mg/L)	SiO_4-Si (mg/L)
A1	4.7	n.a.	n.a.	n.a.	n.a.	n.a.	n.a.	n.a.	n.a.	n.a.
A2	2.3	n.a.	n.a.	0.23	2.61	n.a.	n.a.	n.a.	n.a.	n.a.
B1	3.9	n.a.	n.a.	0.24	2.79	n.a.	n.a.	n.a.	n.a.	n.a.
B2	2.7	n.a.	n.a.	0.19	n.a.	n.a.	n.a.	n.a.	n.a.	n.a.
B3	2.7	n.a.	n.a.	0.22	2.76	0.112	0.005	0.265	0.058	8.337
C1	3.2	7.07	157	0.26	2.94	0.119	0.005	1.540	0.072	8.607
C2	3.4	7.52	124	0.27	2.39	0.108	0.005	0.271	0.060	13.801
C3	2.8	7.21	125	n.a.	n.a.	0.046	0.005	0.524	0.008	13.834
F1	5.0	6.65	189	0.03	0.85	0.044	0.005	2.106	0.006	16.354
F2	3.5	7.32	149	0.24	1.92	0.042	0.005	0.563	0.007	16.253
F3	3.6	7.58	124	0.36	2.17	0.029	0.006	0.846	0.010	11.368
F3.5	3.5	7.76	105	0.42	1.15	n.a.	n.a.	n.a.	n.a.	n.a.
F4	3.5	7.58	124	0.44	2.24	0.032	0.005	0.270	0.009	11.753
F5	4.8	n.a.	n.a.	0.20	2.26	0.024	0.006	0.277	0.010	13.939
F6	3.7	n.a.	n.a.	0.40	2.40	n.a.	n.a.	n.a.	n.a.	n.a.
F8	4.2	n.a.	n.a.	0.43	3.02	0.043	0.003	0.204	0.008	14.481
G1	4.1	n.a.	n.a.	0.34	3.55	n.a.	n.a.	n.a.	n.a.	n.a.
K1	3.4	7.55	74	0.10	2.51	n.a.	n.a.	n.a.	n.a.	n.a.
M1	4.1	n.a.	n.a.	0.19	2.15	n.a.	n.a.	n.a.	n.a.	n.a.
N0.5	1.2	n.a.	n.a.	1.02	5.01	0.040	0.003	0.202	0.009	13.659
N1	1.4	n.a.	n.a.	0.64	2.02	n.a.	n.a.	n.a.	n.a.	n.a.
N2	4.0	n.a.	n.a.	0.47	2.96	n.a.	n.a.	n.a.	n.a.	n.a.
O1	3.1	n.a.	n.a.	n.a.	n.a.	n.a.	n.a.	n.a.	n.a.	n.a.
P1	3.1	n.a.	n.a.	n.a.	n.a.	n.a.	n.a.	n.a.	n.a.	n.a.
S1	3.7	n.a.	n.a.	0.23	1.99	n.a.	n.a.	n.a.	n.a.	n.a.
S2	3.5	n.a.	n.a.	0.32	1.82	0.044	0.003	0.216	0.008	14.422
W1	1.6	7.26	109	0.84	2.89	0.012	0.001	0.267	0.013	11.022
W2	2.2	7.30	105	0.48	2.53	0.013	0.001	0.269	0.015	10.736
X1	3.6	7.39	52	0.44	2.03	0.017	0.001	0.261	0.014	11.326
Y1	3.3	7.65	116	0.31	1.23	n.a.	n.a.	n.a.	n.a.	n.a.
Y2	3.5	n.a.	n.a.	0.35	2.15	n.a.	n.a.	n.a.	n.a.	n.a.
Y3	2.3	n.a.	n.a.	0.37	3.61	0.049	n.a.	0.435	0.011	11.585
W1-B1	n.a.	n.a.	n.a.	n.a.	n.a.	n.a.	n.a.	n.a.	n.a.	n.a.
W1-B2	n.a.	n.a.	n.a.	n.a.	n.a.	n.a.	n.a.	n.a.	n.a.	n.a.

112

付表 5 水質分析結果一覧。2015 年 4 月 9〜10 日

地点名	水温 (℃)	pH	EC (μS/cm)	溶存鉄 (mg/L)	DOC (mg/L)	NH_4-N (mg/L)	NO_2-N (mg/L)	NO_3-N (mg/L)	PO_4-P (mg/L)	SiO_4-Si (mg/L)
A1	6.2	7.38	n.a.	0.01	1.76	n.a.	n.a.	n.a.	n.a.	n.a.
A2	6.3	7.41	n.a.	0.23	2.61	n.a.	n.a.	n.a.	n.a.	n.a.
B1	6.6	7.02	n.a.	0.13	2.79	n.a.	n.a.	n.a.	n.a.	n.a.
B2	6.3	7.3	n.a.	0.34	1.92	n.a.	n.a.	n.a.	n.a.	n.a.
B3	6.4	7.45	n.a.	0.34	2.75	0.051	0.007	0.430	0.013	11.419
C1	5.6	6.4	n.a.	0.11	2.94	0.053	0.006	0.418	0.011	13.639
C2	5.1	6.4	n.a.	0.21	2.39	0.045	0.004	0.514	0.008	11.421
C3	5.4	6.64	n.a.	0.13	1.77	0.049	0.005	0.515	0.009	n.a.
F1	6.6	6.45	n.a.	0.00	0.85	n.a.	n.a.	n.a.	n.a.	n.a.
F2	5.7	6.9	n.a.	0.12	1.92	0.043	0.005	0.513	0.008	6.361
F3	5.3	6.38	n.a.	0.21	2.17	0.030	0.005	0.220	0.005	6.142
F3.5	5.1	6.85	n.a.	0.45	1.15	0.031	0.005	0.203	0.005	9.388
F4	5.4	6.9	n.a.	0.51	2.24	0.038	0.005	0.208	0.004	9.411
F5	5	7.06	n.a.	0.57	2.23	0.043	0.003	0.452	0.011	13.393
F6	5.6	7.00	n.a.	0.60	2.40	0.043	0.004	0.455	0.011	14.172
F8	6.1	6.85	n.a.	0.67	6.44	0.042	0.004	0.461	0.011	11.827
G1	5.1	6.87	n.a.	0.21		n.a.	n.a.	n.a.	n.a.	n.a.
K1	4.9	6.88	n.a.	0.21	2.51	n.a.	n.a.	n.a.	n.a.	n.a.
M1	6.8	7.36	n.a.	0.11	2.15	n.a.	n.a.	n.a.	n.a.	n.a.
N0.5	4.2	6.73	n.a.	0.93	5.09	0.106	0.006	0.321	0.029	13.042
N1	4.7	7.12	n.a.	0.65	2.00	n.a.	n.a.	n.a.	n.a.	n.a.
N2	5.7	7.34	n.a.	0.53	2.96	n.a.	n.a.	n.a.	n.a.	n.a.
O1	5.6	7.4	n.a.	0.33	3.80	n.a.	n.a.	n.a.	n.a.	n.a.
P1	5.1	7.79	n.a.	0.11	3.21	n.a.	n.a.	n.a.	n.a.	n.a.
S1	5.3	7.09	n.a.	0.21	1.99	n.a.	n.a.	n.a.	n.a.	n.a.
S2	5.9	7.07	n.a.	0.22	1.82	n.a.	n.a.	n.a.	n.a.	n.a.
W1	3.8	6.19	n.a.	0.45	2.89	0.111	0.005	0.305	0.036	9.295
W2	4.6	6.46	n.a.	0.65	2.53	0.116	0.006	1.610	0.033	n.a.
X1	5	6.54	n.a.	0.21	2.03	0.369	0.005	0.222	0.060	8.785
Y1	5.9	6.99	n.a.	0.31	1.23	n.a.	n.a.	n.a.	n.a.	n.a.
Y2	4.3	7.2	n.a.	0.32	2.15	n.a.	n.a.	n.a.	n.a.	n.a.
Y3	6.5	7.16	n.a.	0.34	3.07	0.409	0.008	1.005	0.043	8.367
W1-B1	n.a.	n.a.	n.a.	n.a.	n.a.	n.a.	n.a.	n.a.	n.a.	n.a.
W1-B2	n.a.	n.a.	n.a.	n.a.	n.a.	n.a.	n.a.	n.a.	n.a.	n.a.

第3章 陸水域〜汽水域の溶存鉄の動きを追う 113

付表6 水質分析結果一覧。2015年6月18〜19日

地点名	水温 (℃)	pH	EC (μS/cm)	溶存鉄 (mg/L)	DOC (mg/L)	NH_4-N (mg/L)	NO_2-N (mg/L)	NO_3-N (mg/L)	PO_4-P (mg/L)	SiO_4-Si (mg/L)
A1	n.a.	n.a.	n.a.	n.a.	n.a.	n.a.	n.a.	n.a.	n.a.	n.a.
A2	15.7	7.10	150	0.56	2.36	n.a.	n.a.	n.a.	n.a.	n.a.
B1	n.a.	n.a.	n.a.	n.a.	n.a.	n.a.	n.a.	n.a.	n.a.	n.a.
B2	n.a.	n.a.	n.a.	n.a.	n.a.	n.a.	n.a.	n.a.	n.a.	n.a.
B3	n.a.	n.a.	n.a.	n.a.	n.a.	n.a.	n.a.	n.a.	n.a.	n.a.
C1	11.5	6.96	174	0.23	n.a.	0.386	0.006	0.979	0.007	7.476
C2	n.a.	n.a.	n.a.	n.a.	n.a.	n.a.	n.a.	n.a.	n.a.	n.a.
C3	n.a.	n.a.	n.a.	n.a.	n.a.	n.a.	n.a.	n.a.	n.a.	n.a.
F1	9.8	6.76	194	0.02	n.a.	n.a.	n.a.	n.a.	n.a.	n.a.
F2	n.a.	n.a.	n.a.	n.a.	n.a.	n.a.	n.a.	n.a.	n.a.	n.a.
F3	15.4	7.04	127	0.39	1.90	0.208	0.006	0.363	0.005	7.121
F3.5	n.a.	n.a.	n.a.	n.a.	n.a.	n.a.	n.a.	n.a.	n.a.	n.a.
F4	n.a.	n.a.	n.a.	n.a.	n.a.	n.a.	n.a.	n.a.	n.a.	n.a.
F5	15.4	7.32	109	0.52	2.11	0.207	0.005	0.370	0.006	13.476
F6	15.5	7.25	123	0.59	2.13	0.215	0.005	0.324	0.005	13.667
F8	15.3	6.76	759	0.65	2.33	0.171	0.004	0.455	0.008	12.750
G1	n.a.	n.a.	n.a.	n.a.	n.a.	n.a.	n.a.	n.a.	n.a.	n.a.
K1	n.a.	n.a.	n.a.	n.a.	n.a.	n.a.	n.a.	n.a.	n.a.	n.a.
M1	n.a.	n.a.	n.a.	n.a.	n.a.	n.a.	n.a.	n.a.	n.a.	n.a.
N0.5	14.2	7.06	44	1.25	7.43	0.175	0.005	0.368	0.010	13.439
N1	n.a.	n.a.	n.a.	n.a.	n.a.	n.a.	n.a.	n.a.	n.a.	n.a.
N2	15.0	7.35	169	0.47	1.62	n.a.	n.a.	n.a.	n.a.	n.a.
O1	n.a.	n.a.	n.a.	n.a.	n.a.	n.a.	n.a.	n.a.	n.a.	n.a.
P1	n.a.	n.a.	n.a.	n.a.	n.a.	n.a.	n.a.	n.a.	n.a.	n.a.
S1	n.a.	n.a.	n.a.	n.a.	n.a.	n.a.	n.a.	n.a.	n.a.	n.a.
S2	n.a.	n.a.	n.a.	n.a.	n.a.	0.005	n.a.	n.a.	n.a.	n.a.
W1	n.a.	n.a.	n.a.	0.84	5.92	0.171	0.005	0.654	0.008	10.039
W2	n.a.	n.a.	n.a.	n.a.	n.a.	n.a.	n.a.	n.a.	n.a.	n.a.
X1	n.a.	n.a.	n.a.	n.a.	n.a.	n.a.	n.a.	n.a.	n.a.	n.a.
Y1	n.a.	n.a.	n.a.	n.a.	n.a.	n.a.	n.a.	n.a.	n.a.	n.a.
Y2	n.a.	n.a.	n.a.	n.a.	n.a.	n.a.	n.a.	n.a.	n.a.	n.a.
Y3	n.a.	n.a.	n.a.	n.a.	n.a.	n.a.	n.a.	n.a.	n.a.	n.a.
W1-B1	14.6	7.18	83	1.30	4.55	0.077	0.004	0.668	0.004	10.031
W1-B2	14.4	7.02	127	1.05	4.39	0.078	0.004	0.780	0.004	16.648

114

付表7 水質分析結果一覧。2015 年 8 月 8〜11 日

地点名	水温 (℃)	pH	EC (μS/cm)	溶存鉄 (mg/L)	DOC (mg/L)	NH_4-N (mg/L)	NO_2-N (mg/L)	NO_3-N (mg/L)	PO_4-P (mg/L)	SiO_4-Si (mg/L)
A1	n.a.	n.a.	n.a.	n.a.	n.a.	n.a.	n.a.	n.a.	n.a.	n.a.
A2	18.9	7.37	n.a.	0.81	3.05	n.a.	n.a.	n.a.	n.a.	n.a.
B1	n.a.	n.a.	n.a.	n.a.	n.a.	n.a.	n.a.	n.a.	n.a.	n.a.
B2	n.a.	n.a.	n.a.	n.a.	n.a.	n.a.	n.a.	n.a.	n.a.	n.a.
B3	21.4	8.1	n.a.	0.54	2.23	n.a.	n.a.	n.a.	n.a.	n.a.
C1	14.4	7.21	n.a.	n.a.	n.a.	0.034	0.004	0.794	0.004	15.448
C2	12.9	6.93	n.a.	n.a.	n.a.	n.a.	n.a.	n.a.	n.a.	n.a.
C3	14.4	7	n.a.	n.a.	n.a.	0.034	0.002	0.616	0.006	10.966
F1	12.8	7.05	n.a.	0.01	0.60	0.037	0.002	0.611	0.006	11.865
F2	13.0	6.95	n.a.	0.20	1.83	0.031	0.002	0.694	0.006	13.439
F3	20.1	6.23	n.a.	0.28	2.40	0.057	n.a.	0.696	0.010	10.904
F3.5	15.4	7.07	n.a.	0.64	2.97	0.056	0.006	0.591	0.011	13.095
F4	15.6	7.04	n.a.	0.67	3.68	0.060	0.007	0.217	0.010	13.228
F5	16.3	7.05	n.a.	0.73	3.67	0.065	0.009	0.306	0.012	11.272
F6	16.2	7.11	n.a.	0.80	4.22	0.063	0.009	0.308	0.012	11.305
F8	17.0	7.19	n.a.	0.83	4.63	0.064	0.010	0.307	0.016	10.851
G1	19.2	7.54	n.a.	0.14	4.59	n.a.	n.a.	n.a.	n.a.	n.a.
K1	18.3	7.03	n.a.	0.33	3.57	n.a.	n.a.	n.a.	n.a.	n.a.
M1	17.6	6.95	n.a.	0.11	3.59	n.a.	n.a.	n.a.	n.a.	n.a.
N0.5	n.a.	n.a.	n.a.	n.a.	n.a.	n.a.	n.a.	n.a.	n.a.	n.a.
N1	n.a.	n.a.	n.a.	n.a.	n.a.	n.a.	n.a.	n.a.	n.a.	n.a.
N2	n.a.	n.a.	n.a.	n.a.	n.a.	n.a.	n.a.	n.a.	n.a.	n.a.
O1	n.a.	n.a.	n.a.	n.a.	n.a.	n.a.	n.a.	n.a.	n.a.	n.a.
P1	n.a.	n.a.	n.a.	n.a.	n.a.	n.a.	n.a.	n.a.	n.a.	n.a.
S1	n.a.	n.a.	n.a.	n.a.	n.a.	n.a.	n.a.	n.a.	n.a.	n.a.
S2	n.a.	n.a.	n.a.	n.a.	n.a.	0.179	0.008	0.598	0.020	10.905
W1	n.a.	n.a.	n.a.	n.a.	n.a.	0.196	0.006	0.623	0.011	11.280
W2	n.a.	n.a.	n.a.	n.a.	n.a.	0.178	0.004	0.556	0.021	13.989
X1	n.a.	n.a.	n.a.	n.a.	n.a.	n.a.	n.a.	n.a.	n.a.	n.a.
Y1	n.a.	n.a.	n.a.	n.a.	n.a.	n.a.	n.a.	n.a.	n.a.	n.a.
Y2	n.a.	n.a.	n.a.	n.a.	n.a.	n.a.	n.a.	n.a.	n.a.	n.a.
Y3	20.5	7.51	n.a.	0.25	4.65	0.100	0.006	0.551	0.011	11.393
W1-B1	n.a.	n.a.	n.a.	n.a.	n.a.	0.106	0.008	0.002	0.004	10.289
W1-B2	n.a.	n.a.	n.a.	n.a.	n.a.	n.a.	n.a.	n.a.	n.a.	n.a.
F-1rain	19.2	8.17	n.a.	0.32	11.10	n.a.	n.a.	n.a.	n.a.	n.a.
F-2rain	15.0	7.48	n.a.	0.77	4.66	n.a.	n.a.	n.a.	n.a.	n.a.
F-3rain	20.1	6.23	n.a.	0.28	8.56	n.a.	n.a.	n.a.	n.a.	n.a.
F-4rain	19.5	6.4	n.a.	0.13	7.95	n.a.	n.a.	n.a.	n.a.	n.a.
F-6rain	19.2	6.39	n.a.	0.50	8.28	n.a.	n.a.	n.a.	n.a.	n.a.
F-8rain	20.1	6.23	n.a.	0.47	8.09	n.a.	n.a.	n.a.	n.a.	n.a.

物質の環の再生

第 *4* 章 ―――――――――――――――――――――――――

1. SWAT モデルを用いて土地利用の変化にともなう
窒素流出量を推定する

1.1 この節の目指すところ

　流域内の土地利用の変化が河川の水質へ与える影響を推測したい場合，自前でモデルを構築するか，何らかの既存の物質循環モデルを用いるか，の選択になる。本プロジェクトでは，後者にあたる SWAT(Soil and Water Assessment Tool) を採用する。SWAT は，米国で 1980 年代に開発されて以降改良が繰り返されている，土地利用と土壌層および地形を含めて流出過程をモデル化し，流量や水質をシミュレーションできるコンピュータプログラムである。この節では，風蓮川水系の 1 支流であるノコベリベツ川を対象とし，SWAT を用いた土地利用の変化にともなう河川への窒素流出量の変化の推定について，その試行過程を記載する。2010 年代の土地利用をベースとして，試験的に農地と河川間の緩衝帯としての植生帯を変化させた場合にどの程度河川水の水質に変化が起こるのかを検討する。なおモデルのキャリブレーションなどに利用する風蓮川流域の水文・水質データは，五月雨式に各種の機関が採集しているため，その収集がまだ十分ではない。よって少ない

データを用いてまずはここまで試行した，という状況を書くことになる。いわば中間報告に準ずる内容となるが，その分，「SWATをこれから使ってみよう」，という読者にとってすこしでも手助けになるような内容にするよう努めたい。以降，大まかに本節では以下の5つの内容を記述することになる。

　①SWATの概要
　②SWATを使うメリット
　③調査地概要
　④SWATへ投入するデータについて
　⑤流出解析

　なお各種パラメータの処理にはプロプライエタリ(ソースコード，仕様，規格，構造などが公開されていない状態)のソフトウェアに依存しない手順をとっている。これは単純に筆者がそれを使える環境にないことがその理由である。私事で恐縮だがプロジェクト中に所属が変更になり解析を行う環境がかなり変わった。SWATを選んだ理由は，このようなことが起こりうるためでもあるが，これについては後述する。

1.2　SWATとは？

　SWATは，米国テキサス州テキサスA＆Mシステム・ブラックランド調査研究センター(Blackland Research and Extension Center)および米国農務省農業研究局(USDA-ARS，テキサス州テンプル市)を中心とした複数の機関によって共同で開発され(加藤online)，土地利用の進んだ流域での流域管理に利用され大きな成果を上げている。1984年にモデルが発表されて以来，さまざまな改良が加えられており，米国だけでなく，欧州や東アジア圏においても，水資源，水質，農業管理分野において利用されている。近年では日本においてもSWATモデルを利用した河川流域の物質流出評価が行われ始めている(宗村ほか，2008；酒井，2009)。SWATモデルは，一度の洪水イベントのシミュレーションを詳細に予測するタイプのモデルではなく，連続的な水文環境の変動を長期的に予測するための流域統合評価モデルとして位置づけられる。降水量・日射量・土地利用データなどをこのモデルに入力することにより，

流域の環境変化によって生じる，流量，水質，生産土砂量などの変動予測が可能となっている。FORTRANで書かれており，水質や土砂量などを算出するサブルーチン(副プログラム)の総数は，長い歴史を反映し300を超える。なおSWATはMicrosoft WindowsのほかにLinuxおよびDOS上でも動作する。

1.3 SWATを使うメリット

ではなぜSWATを使うのだろうか？　前述したように既に長期にわたる利用実績があること，それにともなう知識の蓄積があることもその一因として挙げることができる。しかし最も大きい要因は，SWATがパブリックドメインのソフトウェアとして公開されていることである。パブリックドメインとは，著作権をもたないため公共の領域に属する著作物を指す。パブリックドメインソフトウェアも同様に，著作権の保護期間を過ぎる，あるいは著作権を放棄したソフトウェアを指す(可知，2008)。ゆえに，利用者は著作権による制限なしにこのソフトウェアを利用することができる。SWATの公式サイト(http://swat.tamu.edu/software/swat-executables/)よりソースコードの入手も自由であり，ユーザはそれをもとに内容を改変すること，またそれを再配布することも可能となっている。そのため，SWATへ入力する各種のパラメータを生成することを目的とした補助ツールが開発されている。特に地理情報システム(GIS)のソフトウェア上で動作するツールとして，オープンソースのGISソフトウェアであるQGIS(http://www.qgis.org/ja/site/)上で動作するQSWAT(http://swat.tamu.edu/software/qswat/)や，MapWindow(http://www.mapwindow.org/)上で利用可能なMWSWAT(http://www.waterbase.org/download_mwswat.html)，プロプライエタリのソフトウェアであるESRI社(www.esri.com)のArcGIS for Desktop上で動作するArcSWAT(http://swat.tamu.edu/software/arcswat/)などが挙げられる。つまり必要な地理情報と各種の環境パラメータさえ得られれば，オープンソースソフトウェアを用いることにより，だれでもモデルを利用することができる。属人的なプログラムや高価なソフトウェア，特定のOSに依存しなくともよいため，特にその期間

中に担当者や担当機関に変更が生まれるような長期的なプロジェクトでは，継続性や再現性という点で有利であるといえる．

1.4 調査対象地域の概要

ノコベリベツ川流域の範囲を図1に示す．風蓮川に合流する地点における流域面積は152.9 km^{2}である．流域内の76％が浜中町に属しており，別海町が16％，厚岸町が8％をそれぞれ占める．2000年代においては流域内の約63％が牧草地を占める酪農地域であり，上流側の一部は陸上自衛隊の矢臼別演習場内に位置している．2013年の年間降水量は地域気象観測所（アメダス）「厚床」において1,336 mmであり，年平均気温は10.1℃である．

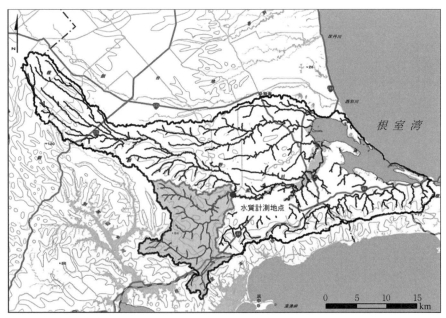

図1　ノコベリベツ川流域の位置(国土地理院　地理院タイル「標準」を利用)

1.5 SWAT へ投入するデータについて

(1) HRU 作成

SWAT では Hydrological Response Unit (以降 HRU とする) という地形 (傾斜)，土地利用，土壌で定義された単位で流出量や負荷量を計算する。この HRU を定義するために地形 (デジタル標高モデル：DEM)，土地利用，および土壌の GIS データが必要となる。HRU は任意の場所における Sub-Watershed と呼ばれる小流域単位で合算され，それぞれの小流域における Reach と呼ばれる河川区間の最下流端における流量や水質を算出する。ここで計算された値は下流側の Reach への入力データへと引き継がれる。このプロセスが解析範囲の最下流部まで続く。この Sub-Watershed や Reach を定義する処理においても前述の DEM を用いる。なおユーザが用意した Sub-Watershed や Reach の GIS データや算出済みの地形パラメータがあればそれをそのまま利用することもできる。今回は，Reach データを国土数値情報河川データを用いて定義し，その流路を基準とした Sub-Watershed を DEM から出力した。

HRU および Sub-watershed 作成のため利用したデータは以下の通りである。

① DEM：国土地理院　基盤地図情報 10 m メッシュ (標高) データ

② 河川ポリラインデータ：国土交通省　国土数値情報　河川データ

③ 土地利用データ：環境省生物多様性センター　第 6〜7 回環境保全基礎調査 1/25000 植生図

④ 土壌データ：地力保全基本調査成績書 (北海道中央農業試験場，1973；1975)　土壌生産性分級図並びに土壌区分図

(2) 気　象

SWAT モデルに入力が必要な気象要素は，降水量，最高/最低気温，日射量，平均風速，相対湿度であり，すべて日データである。HRU に対するこれらの気象要素の入力は最も近隣の気象観測地点の値が選択される。用いた気象データのソースを以下に示す。

⑤降水量，気温，相対湿度，平均風速：気象庁ウェブサイト「過去の気象
　　データ・ダウンロード」で公開されている，地域気象観測所（アメダス）
　　「厚床」「別海」および根室特別地域気象観測所で取得されたデータ

(3)流量・水質

　モデル中で流量や水質のキャリブレーションおよび検証用データとして実
測データが必要となる。年間通したデータがキャリブレーションには欠かせ
ないものの，そのデータは国土交通省水文水質データベースで公開されてい
る1級河川や各種のダムの上下流以外では入手が難しいことが多い。今回は
積雪期以外の2年分のデータを入手したためそれらを用いた。流量および水
質データのソースは以下の通りである。

⑥流量・水質データ：防衛省北海道防衛局によるノコベリベツ川最下流部
　　における2012～2013年（各年4～11月）の流量観測と水質調査（13回計
　　測）データ

1.6　流出解析
(1)MWSWAT による SWAT 用データセットの作成

　Microsoft Windows 上で利用可能なオープンソースの GIS ソフトウェア
である MapWindow（Ames et al., 2007）用のプラグイン MWSWAT（version 2.2）
を用いて，前節で紹介したデータから SWAT へ投入する HRU と気象デー
タを作成した。MWSWAT を選択した理由として，手持ちの解析用 PC の
OS が Microsoft Windows 7 または 8.1 であること，同様の SWAT データ
セット作成補助ツールである ArcSWAT や QSWAT と比較して，各種の環
境設定を行う必要がなく，動作が安定していること，有償のソフトウェアや
拡張機能への依存がないこと，が挙げられる。

土地利用データ

　SWAT の土地利用コードに従い第6～7回環境保全基礎調査 1/25000 植生
図を以下の通りに再分類しモデルに投入した。流域内の分布図を図2に示す。

図2 土地利用 GIS データ

土　壌

　地力保全基本調査成績書(北海道中央農業試験場, 1973 ; 1975)と土壌生産性分級図ならびに土壌区分図を元に，SWAT のフォーマットに従い土壌データベースを作成し SWAT に投入した。

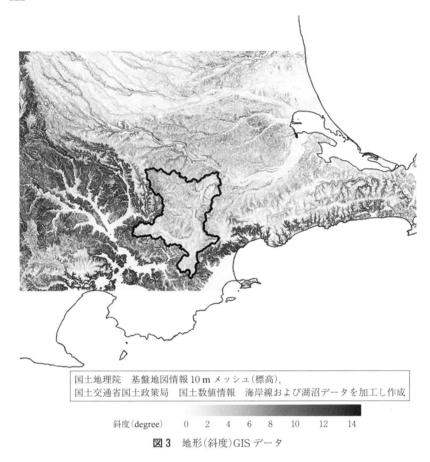

図3 地形(斜度)GISデータ

地形(斜度)

対象流域内に大きな起伏をともなう地域がないため(図3)，斜度別の区分は行わなかった。

気象データ

前述した気象観測地点それぞれにおいて，降水量(mm/日)，最高/最低気温(℃)，日射量(MJ/m²)，平均風速(m/s)，相対湿度(%)の日データをSWAT指定のフォーマットに整形し，モデルに投入した。このうち日射量について

は日照時間および気象観測地点の位置情報から算出を行った。

なお MWSWAT へ投入するための地理情報データの加工や編集には QGIS 2.8(QGIS Development Team 2016)を用いた。また，MWSWAT による実際の HRU および気象データの作成・処理手順については github 上にアップロードしておく(https://github.com/shamrock3ire/swat)。

(2)農地管理パラメータの設定

SWAT は施肥や収穫などの耕作地管理を日単位で詳細に設定できる。よって以下の資料をもとに耕作地管理の設定を SWAT に対して行った。今回流域内の農地はほぼ100％が牧草地/採草地である。よって施肥量は北海道施肥ガイド 2010(北海道庁農政部，2010)のうち採草地/牧草地に対する指針をもとに設定を行った。また施肥のタイミングと収穫期については，地域毎に施肥の特徴や時期は異なるため，対象流域が含まれる南根室地域の農業協同組合および農業改良普及センターによって刊行された，「営農改善資料第25 集」(別海農業協同組合・北海道根室支庁南根室地区農業改良普及センター，1997)を参照し設定を行った。

耕作地への施肥

ノコベリベツ川流域内の耕作地はそのほとんどが牧草地である。今回の流出モデルでは牧草地/採草地はチモシー採草地と仮定した。ここで「チモシー採草地」とは，チモシーとマメ科牧草が混播されている採草地およびチモシー単一採草地と定義する。該当する採草地への施肥量は「北海道施肥ガイド 2010」(北海道庁農政部，2010)を参照し，マメ科牧草の混播率を5〜15％，チモシーの割合 50％以上と仮定し 10 kgN/ha/年と設定した。施肥の時期に関しては「北海道施肥ガイド 2010」に従い年間 2 回とした。施肥時期は，1 回目はチモシーの萌芽期である早春の時期，2 回目は 1 番草刈取後であるチモシーの独立再生長始期(刈取後5〜10日前後)が適切とされているため，それぞれ 4 月 25 日，7 月 25 日と設定した。施肥量の配分は，1 回目に年間量の3 分の 2，2 回目に残りの 3 分の 1 をそれぞれ投入することとした。牧草の刈り取りは 1 番草 7 月 10 日　2 番草 9 月 10 日と設定した。

放牧中の糞尿

施肥のほかに放牧中の牛による糞尿の量を考慮する必要がある。そのため，農林業センサスにおいて農業集落毎に集計されている乳用牛頭数データをSub-Watershed の牧草地に按分する処理を行った。2010 年の農林業センサスにおける乳用牛頭数データを用いた。ここで全乳用牛を経産牛/乾乳牛/育成牛の３タイプに分類できるものと仮定し，その頭数割合は，それぞれ４：１：５とした。各タイプの１日あたりの糞尿排出量を表１に示す。これらをもとに農林業センサスを基にした乳用牛１頭１日あたりの排出糞尿量を34.2 kg と定義した。

また牛の睡眠時間は３時間程度とされるため，１日のうち，残りの 21 時間で糞尿を排出するものと考えられる。さらに放牧時間を１日平均８時間と仮定すると，放牧中に牧草地へ１頭あたり１日で排出する糞尿の量は13.03 kg と算出される。また降雪期には放牧を控えるため，放牧開始を５月30 日　放牧終了を 10 月 30 日の計５か月と設定した。これらの情報をもとに 11 個のサブ流域における糞尿投入量を SWAT モデルにおける営農パラメータ Continuous Fertilizing(連続的な施肥)に換算し Dairy Manure(乳用牛の糞尿)として入力した。1999(平成 11)年に制定，同年 11 月１日に施行された「家畜排せつ物の管理の適正化及び利用の促進に関する法律」(以降，家畜排せつ物法)から 2013 年時点では 14 年経過している。また，2014 年 12 月１日時点での家畜排せつ物法施行状況調査結果(農林水産省生産局畜産部畜産企画課畜産環境・経営安定対策室，2015)によると，全国で管理基準に適合している畜産農家数は 49,826 戸であり，管理基準適用対象農家数 49,830 戸に占める割合は約 99.99％であった。よって，放牧時間以外の糞尿については，糞尿の排出

表 1　乳用牛タイプ別糞尿排出量(公益社団法人石川県畜産協会ウェブサイト "いしかわのちくさん" より　URL：http://ishikawa.lin.gr.jp/kankyo/02.htm)

乳用牛タイプ	糞尿排出量(kg/日)
育成牛	23
乾乳牛	27
経産牛	50

量としてはある程度無視できると考え，糞尿排出量としての積み上げは行なわないものとした。

河川と農地の緩衝帯

農地管理パラメータの中に filterw（width of edge-of-field filter strip）という項目があり河川と農地間の植生帯の幅を設定することができる。この値を設定することにより植生帯が緩衝帯として窒素をフィルタする機能を簡易的に計算することができる。なおこのフィルタリング機能は以下に示す式（式1～4）によって求められている。これは，表面流または流出土砂中に含まれる窒素が緩衝帯で捕捉される割合を算出するものである。HRU 毎の緩衝帯幅は土地利用データをもとに算出した。

$$R_R = 75.8 - 10.8\ln(R_L) + 25.9\ln(K_{SAT}) \cdots\cdots 式1$$
$$S_R(\%) = 79.0 - 1.04\,S_L + 0.213\,R_R \cdots\cdots 式2$$
$$TN_R = 0.036\,S_R^{1.69} \cdots\cdots 式3$$
$$NN_R = 39.4 + 0.584\,R_R \cdots\cdots 式4$$

ここで R_R：Runoff Reduction（％）（流出減少率），R_L：Runoff Loading（mm）（流出量），K_{SAT}：Saturated Hydraulic Conductivity（mm/hr）（飽和透水係数），S_R：Predicted Sediment Reduction（％）（予測土砂減少率），S_L：Sediment Loading（kg/m²）（流送土砂量），TN_R：Total Nitrogen Reduction（全窒素減少率），NN_R：Nitrate Nitrogen Reduction（硝酸態窒素減少率）である。

(3) パラメータの編集

解析対象流域全体に影響する一般的なパラメータ（例えば葉面積指数（LAI），積雪気温，融雪気温など）の設定については，スタンドアロンのSWATのパラメータ編集および実行環境であるSWAT Editor（http://swat.tamu.edu/software/arcswat/swateditor/）経由か，テキストエディタによる設定ファイルの直接編集により実施した。また，計測不能な地下水に関連するパラメータは簡易的なキャリブレーションを実施し設定を行った。なお基底流出量の減衰係

数(1/days)は流量の実測値をもとに Arnold and Allen(1999)のアルゴリズムをもとにしたウェブサービス SWAT Bflow(http://www.envsys.co.kr/~swatbflow)を用いて算出した。農地管理設定ファイルは拡張子が .mgt のテキストファイルである。このファイルが耕作地(ここでは牧草地)と分類される HRU 毎に必要となる。設定ファイルのサンプルを図4に示す。農地管理スケジュール枚に開始日，終了日，管理行動コード，施肥の量などがコード化されて格納されている。これらは SWAT Editor の入力インターフェイスや Microsoft Access のクエリを使って編集することも可能だが，パターンが多すぎて手動で入力するのは非効率である。よって特定の条件を入力した後テキスト整形と出力を行うスクリプトを書いて処理を行った。なお1年の農地管理スケジュールを整理した CSV ファイルを読み込んで各 HRU の農地管理ファイ

```
       0         10        20        30        40        50        60        70        80        90
28 | Management Operation: ↓
29 |              7    |    NROT: number of years of rotation ↓
30 | Operation Schedule: ↓
31 | 1   1         1   35        1800.00000   0.00      0.00000 0.00   0.00   0.00↓
32 | 1   1        10    1    1      0.00000   1.00     50.00000 0.00                      28↓
33 | 4  25         3    5        144.90000    0.00↓
34 | 5  30        14  150   44  1   18.4034  ↓
35 | 7  10         5              0.00000↓
36 | 7  11         1   35        1800.00000   0.00      0.00000 0.00   0.00   0.00↓
37 | 7  25         3    5         72.50000    0.00↓
38 | 9  10         5              0.00000↓
39 |              17↓
40 | 1   1         1   35    1   1800.00000   0.00      0.00000 0.00   0.00   0.00↓
41 | 1   1        10    1          0.00000   1.00     50.00000 0.00                      28↓
42 | 4  25         3    5   44  1  144.90000   0.00↓
43 | 5  30        14  150         18.4034  ↓
44 | 7  10         5              0.00000↓
45 | 7  11         1   35        1800.00000   0.00      0.00000 0.00   0.00   0.00↓
46 | 7  25         3    5         72.50000    0.00↓
47 | 9  10         5              0.00000↓
48 |              17↓
```

図4 農地管理設定ファイル(.mgt)のサンプル

ルを生成する python 2.x のサンプルスクリプトを参考までに前述した github 上にアップロードしておく。

(4)流出解析の結果
流　　量

流出解析は 2009〜2011 年の 3 年間をウォーミングアップ期間とし，2012〜2013 年の期間で行った。2013 年の 4 月 1 日〜12 月 1 日観測流量と予測流量を図 5 に示す。融雪期や大規模出水時のピーク流量が実測値よりもかなり高めに予測されているものの年間の平均流量は予測流量と実測流量に大きな差はない。

全　窒　素

河川水中に流入する全窒素濃度の予測値と実測値を図 6 に示す。流量予測値に影響を受けるため正確な評価はできないものの，河川水中の全窒素(mg/L)の予測値も，年間を通じて 1 mg/L 程度となり，実測値とほぼ同様の値を示した。予測結果を見ると降雨時に全窒素濃度がやや上昇する傾向があるものの，実測値には降雨時および平水時においてさほど大きな変化が見ら

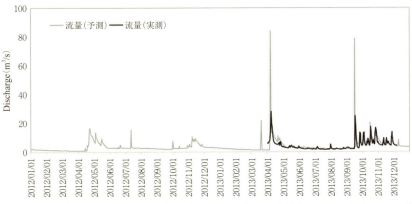

図 5　ノコベリベツ川際下流部における流量の観測値と SWAT モデルによる予測値
（2013/4/1〜12/31）

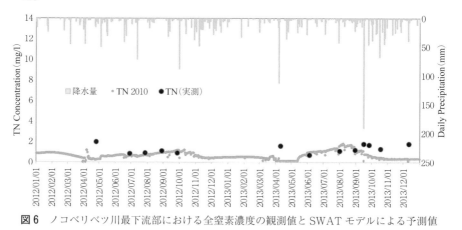

図6 ノコベリベツ川最下流部における全窒素濃度の観測値とSWATモデルによる予測値

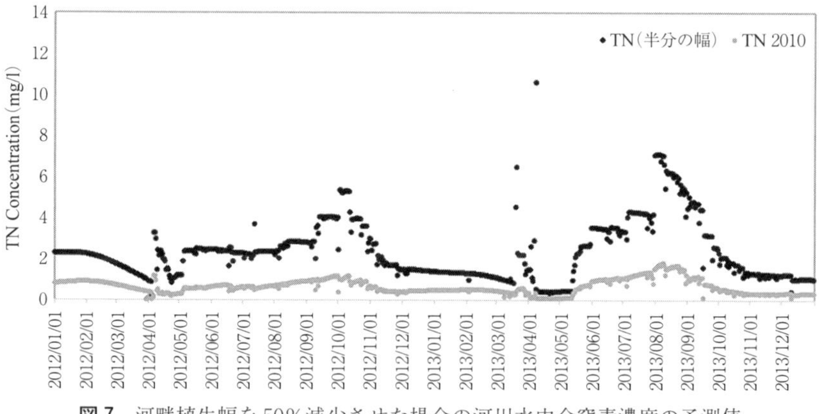

図7 河畔植生幅を50％減少させた場合の河川水中全窒素濃度の予測値

れない。

河畔植生の効果

HRU毎に算出した農地−河川間の植生帯幅は，2010年代において流域内の平均が44.2 m程度となった。これを試験的に各HRUにおいて50％減少させて全窒素濃度の予測を行った結果が図7である。当然ではあるが，平水時と出水時ともに河川中の全窒素濃度が上昇し，出水時の上昇幅が大きく

なった。

1.7 現在の課題への対応

　今回はSWATを用いて土地被覆の変化にともなう河川の水質の変化を，河川－耕作地間の緩衝帯としての植生帯幅を例に取り，ざっくりと推定するプロセスを示した。この結果をより確からしいものに改良するためには，水文データの増強と緩衝帯の窒素除去プロセスの新たな追加が必要である。水文データの増強については，流量を推定するためのパラメータのキャリブレーションと推定結果の検証を行うために，少なくとも5年間分の年間を通じた水文・水質データの入手が必要と考える。引き続き各省庁や自治体によって発注された水質や水文観測データの収集と整理を実施するよりほかにない。緩衝帯による窒素除去プロセスについては，現況として，表面流により流出する窒素を捕捉するプロセスのみが実装されており，地表面下の不飽和層や浅層地下水の影響は計算されていない。前述したようにSWATはパブリックドメインのプログラム群であるため，あらたなプロセスを組み込んだプログラムを作成し公開することも自由に行うことができる。これらの新プロセスを自前で作成し，プロトタイプをgithubなどに公開した際には，ぜひレビューしていただき忌憚のないご意見を頂ければ幸いである。

2. 負荷軽減策としての「低投入型酪農経営」は効果的か？

2.1 北海道の酪農について

(1)畜産の本来の姿と現状

　畜産の本来の姿とは，野草や牧草などの草，あるいは稲わらや麦わら，油や酒の搾り粕といった食品残渣など，人が食料として利用できない植物体を，家畜や家禽に餌として給与し，乳や肉，卵などとして，動物性のタンパク質や脂肪を得る食料生産システムである。北海道における現代の畜産業が，このような本来の姿としての畜産システムとして成立しているのであれば，地域の生態系あるいは流域内において，窒素やリンなどのさまざまな物質がう

まく循環するため，水質汚濁や悪臭などの環境問題を生じることは，ほぼあり得ないと考えられる。

しかし実際はどうであろうか？　三上ほか(2008)が既に示しているように，風蓮湖流域では，牛の飼養頭数密度と，河川水における硝酸態窒素，カルシウムイオン，重炭酸イオンの濃度との間に明瞭な正の相関があり，牛が増えれば，河川水は富栄養化するとされている。

もし，風蓮湖流域における畜産業が，本来の食料生産システムとして営まれているならば，流域内の草や食品残渣を用いて牛乳や牛肉が生産されているため，牛の飼養頭数や密度が増えても，排泄される糞尿に含まれる物質の量は，流域内で本来生産される植物に含まれる物質量を越えることはなく，河川水の富栄養化は起こらないはずである。三上ほか(2008)が示しているような現象が起きるということは，風蓮湖流域における畜産業が，飼料や肥料といった形で流域外から持ち込まれた物質に過度に依存しており，本来の畜産システムとは異なった形で営まれているということを示している。

一方で，流域外から持ち込まれる飼料や肥料には極力依存せず，牛乳の産出量は比較的少なくとも，自前で生産した牧草の給与を基本とした酪農を指向する酪農家も，風蓮湖流域には存在する。飼料や肥料の購入費用を大幅に減らすことにより，高所得を得られる酪農経営形態が，一部の酪農家の注目を集めている。系外からの肥料および飼料由来の窒素やリンのインプットを削減しつつ，酪農家の所得を維持できれば，風蓮湖における漁業への悪影響の低減が可能となるだけではなく，現在進行しつつある過疎や離農を防止することによって，地域社会の維持にも貢献すると考えられる。

本プロジェクトでは，施肥量を極力低減しつつも，比較的良好な経営状態を維持している低投入型の酪農家に焦点をあて，その草地における生産性および経営状況についても評価を行った。本節では，まず北海道における酪農の概略を解説し，その問題点を探った後，低投入型酪農の特徴について触れ，負荷軽減策として効果的か否かについて，議論する。そして最後に，酪農地帯や牧草地が有するさまざまな機能(＝生態系サービス)についても触れたい。

(2)北海道における農業産出額の3分の1強を占める酪農

　北海道は,「農業王国」あるいは「酪農王国」などとも呼ばれており,酪農が北海道における主産業のひとつであるという認識が一般的である。農林水産省発表の「生産農業所得統計」によると,2014(平成26)年における全国の農業産出額が8兆4,279億円であるのに対し,北海道の農業産出額は1兆1,110億円で,日本の農業産出額のうち,約13％を占めている(図8左)。このうち,乳用牛による産出額は3,949億円であり,北海道における2014年度の農業産出額のうち,酪農部門が3分の1強を占めていることがわかる(図8右)。

　また,北海道における酪農部門の生産額が全国に占めるシェアを見てみると,生乳(牛から搾られたままで加工される前の牛乳)が約3,300億円,乳牛約600億円で,双方合わせると,全国のほぼ半分を占めている(図9)。これらのことから,北海道はまさに「酪農王国」であり,酪農は,北海道における農業生産のなかでも,極めて重要な存在であることがおわかりいただけるかと思う。

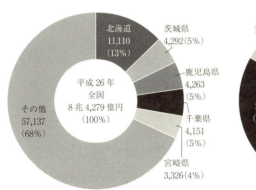
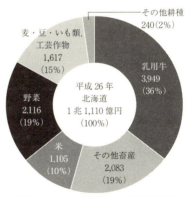

図8　北海道の農業産出額および酪農が占める割合(農林水産省「生産農業所得統計(平成26年)」による)。北海道の農業産出額は1兆円を越え,そのうち乳用牛によるものは約4,000億円で,酪農が北海道における農業産出額の3分の1強を占めている。

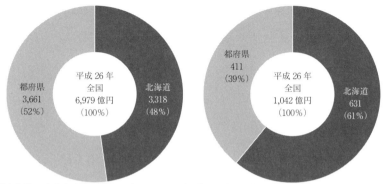

[北海道の生乳生産額が全国に占めるシェア] [北海道の乳牛生産額が全国に占めるシェア]

図9 北海道における酪農産出額が全国に占めるシェア(農林水産省「生産農業所得統計(平成26年)」による).生乳(牛から搾られたままで加工される前の牛乳)が約3,300億円,乳牛約600億円で,合計すると全国の半分を占め,まさに北海道は「酪農王国」といえる.

(3)北海道酪農に対する爽やかなイメージと実際

「緑豊かな広々とした牧草地で,のんびりと牧草を食む乳牛」.スーパーマーケットやコンビニエンスストアで市販されている牛乳のパックには,このような光景が印刷されている.その結果,パックに詰められた牛乳は,広大な牧草地に放牧され,自由に牧草を採食する牛から搾乳されたものであると,この本の読者を含め,多くの消費者がそう考えているであろう.そして,北海道の酪農に対しても,同様の「爽やか」とでもいうべきイメージが定着しているに違いない.

では,実際はどうであろうか? 北海道における牧草の作付面積と収穫量を,全国におけるそれらと比較してみると,ともに約7割を占めており,確かに,日本における牧草の多くが北海道で生産されているといえよう(図10).また,2015年版の「畜産統計」によると,酪農家戸数で見ると,6割以上の酪農家が放牧を行っており,都府県の約3割を大きく上回っている(表2).これらの値は,北海道の各地において,広大な牧草地や,あるいはそのような牧草地において乳牛が放牧されている光景を目にすることができることを示すものである.

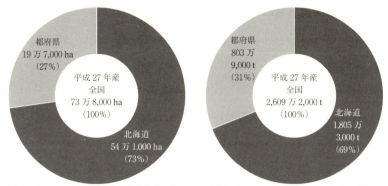

[北海道および全国における牧草作付面積]　[北海道および全国における牧草収穫量]

図10 北海道における牧草の作付面積と収穫量(農林水産省「作物統計」より)。作付面積，収穫量ともに，全国におけるそれらの約7割を占めており，北海道が圧倒的な「牧草(地)王国」であることがうかがえる。

表2 北海道における乳用牛の放牧飼養の割合(農林水産省「平成27年畜産統計」より)。6割程度の北海道の酪農家が放牧を行っているが，放牧で飼養されている乳用牛の頭数は，全体の3割程度である。

		飼養戸数(戸)	飼養頭数(頭)	(うち成牛)(2歳以上：頭)
北海道	(全体)	6,630	792,400	496,400
	(放牧)	4,170	223,300	171,100
	(放牧率)	62.9%	28.2%	34.5%
全 国	(全体)	17,400	1,371,000	934,100
	(放牧)	5,180	239,400	177,000
	(放牧率)	29.8%	17.5%	18.9%

　しかし，実際に搾乳されている成牛の頭数で見てみると，北海道で飼養されている2歳以上の乳用牛約50万頭のうち，放牧によって飼養されている牛は4割にも満たず，約34.5%の17万1,100頭である(表2)。このことから，北海道で飼養されている乳牛でも，その多くが放牧で飼養されているのではなく，畜舎・牛舎で飼養されていることがうかがえる。

(4) 北海道における乳牛のエサ(栄養分)の約半分は, 海外からの輸入に依存

北海道の酪農における飼料の自給率を, 実際の栄養分の量である TDN(可消化養分総量)ベースで考えてみよう。飼料自給率の実態把握は極めて困難で, 組織によってさまざまな異なる方法で自給率が示されている。ここでは, 農林水産省が公表している 2016 年 7 月の資料「飼料をめぐる情勢」(図11)にもとづき, 考えてみたい。

これによると, 北海道の酪農分野における粗飼料(乾草, サイレージ, 稲わらなど)と濃厚飼料(とうもろこし, 大豆油かす, こうりゃん, 大麦など)との割合は, 粗飼料が 54.6% であるのに対し, 濃厚飼料は 45.4% となっている。粗飼料の 2 割程度, そして乳牛に給与する濃厚飼料のほとんどは輸入品であるとされているため, 乳牛に給与する飼料のうち, 半分程度の栄養分は海外からの輸入品に依存しているということになる。乳牛の飼料自給率は 6 割を越えているとする別の試算(例えば, 「第 7 次北海道酪農・肉用牛生産近代化計画(北海道, 2016 年 3 月)」など。濃厚飼料の自給率を一律 13% として試算しているが, 実際の乳牛用の濃厚飼料自給率はもっと低い)もあるが, いずれにしても, 北海道における乳牛の飼料自給率は, 栄養分ベースで考えた場合, 意外に低いのだということがおわかりいただけるかと思う。

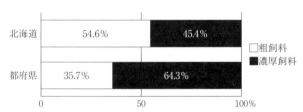

図 11 酪農分野における粗飼料と濃厚飼料の割合(TDN(可消化養分総量)ベース)(農林水産省公表資料「飼料をめぐる情勢(平成 28 年 7 月)」より)。都府県では 6 割以上を濃厚飼料に依存しているが, 北海道においても, 約半分は濃厚飼料に依存している。粗飼料:乾草, サイレージ, 稲わらなど。濃厚飼料:とうもろこし, 大豆油かす, こうりゃん, 大麦など。

(5) 酪農向け濃厚飼料によって北海道へ持ち込まれる窒素量は，約4万t

輸入によって海外から北海道に持ち込まれ，酪農向けとして，北海道における乳牛に給与されている濃厚（配合）飼料は，年間約150万tにのぼる（「平成27年度 流通飼料価格等実態調査〈速報版〉」）。これらに含まれるタンパク質の含有率から，北海道に持ち込まれる窒素量を算出すると，約3万8,000tとなる（図12）。

一方，北海道における酪農家が保有する牧草地および飼料畑は，2015年の畜産統計によると，約42万haであり，これらの牧草地・飼料畑からは，約6万tの窒素を含む牧草や飼料が生産される。したがって，北海道において飼養されている乳牛約79万頭の口に入る全窒素量は，約9万8,000tという計算になる（図12）。

その結果，北海道で飼養されている乳牛から排泄されていると推定される糞尿は，築城・原田（1997）のデータにもとづいて試算すると，年間約1,400

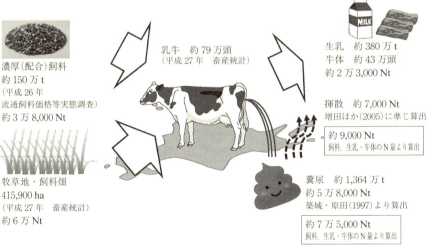

図12 北海道における酪農全体の窒素収支概算。差し引き約5万1,000〜6万6,000tの窒素が堆肥などとして産出される。これらが適切に牧草地や飼料畑へ施用されなければ，河川や湖沼，地下水などの水質悪化を招くことが懸念される。

万t，窒素換算では約5万8,000 tにのぼると考えられる。一方，北海道において生産される生乳量は約380万 t，販売される牛は約43万頭であり，これらの数値にもとづいて酪農の生産システムから出て行く窒素量を算出すると，約2万3,000 tとなり，差し引き7万5,000 tが糞尿として生じることになる(図12)。

糞尿に含まれる窒素は，堆肥などとして処理される過程や保存されている間に空中に揮散するなどして，約7,000～9,000 tが失われると算出される(増田ほか，2005に準じて試算)。その結果，約5万1,000～6万6,000 tの窒素が，堆肥などとして産出されることとなる(図12)。牧草地あるいはトウモロコシなどの飼料作物畑では，約6万 tの窒素を含む牧草や飼料が生産されているので，生産された堆肥などが適切に牧草地や飼料畑に散布されれば，肥料分として牧草・飼料作物に吸収・同化されると推察される。しかし，堆肥などとして適切に処理・利用されない場合や，化学肥料など，北海道外から持ち込まれた肥料が過剰に施用された場合には，河川や湖沼，地下水の水質を悪化させるなど，環境への影響も懸念される。

2.2 道東における低投入型酪農
(1)北海道におけるさまざまな酪農経営の形態

河川や湖沼の水質などといった流域環境に対して，酪農が影響を及ぼしているとすると，その要因としては，飼料や肥料として系外，あるいは流域外から持ち込まれた窒素やリンなどの物質が考えられる。これらの系外から持ち込まれる飼料および肥料，そして飼養されている乳牛の頭数や草地の利用状況から，北海道における酪農家(酪農経営形態)を大ざっぱに分類すると，以下の4類型に大別することとができる。

①メガファーム型　　：搾乳牛飼養頭数100頭超。系外から持ち込んだ濃厚飼料を大量に給与して，乳牛を飼養。

②濃厚飼料多給型　　：搾乳牛飼養頭数100頭前後。牧草地や飼料(トウモロコシ)畑を利用しつつ，主に系外から持ち込んだ濃厚飼料を給与して乳牛を飼養。

③草地利用(高投入)型：搾乳牛飼養頭数50〜100頭程度。系外から持ち込んだ濃厚飼料を給与しつつ，牧草地に化学肥料を施用して利用。

④草地利用(低投入)型：搾乳牛飼養頭数40〜70頭程度。系外から持ち込んだ濃厚飼料や化学肥料を極力使用せず，長期間無更新の牧草地を高度に利用。

(2)牛にも人にも環境にもやさしい「低投入型酪農」

これらのうち，④の「草地利用(低投入)型」の経営形態の特徴について，考えてみたい。

酪農家の経営形態は，個々の酪農家で少しずつ異なるため，十把一絡げにすることはできないが，一般的に現代の多くの酪農家の特徴としては，輸入濃厚飼料，化学肥料，燃料，薬剤などを多量に用いる「高インプット」により，大量の生乳生産量のほか，多量の糞尿を排泄する「高アウトプット」を生み出している経営形態といえる。その結果，牛は病気にかかりやすく，2回か3回，子牛を産んだだけで廃用となったり，牧草地では雑草が繁茂しやすくなって牧草が衰退し，早期に草地を更新(牧草種子を播き直すこと)せざるを得なくなったり，これらの結果，収入は多いものの，支出も多くなって所得率が低下したりする現象が生じている。

一方，低投入型の酪農経営形態では，「低インプット」によって，所得の維持あるいは向上を目指す。輸入濃厚飼料や化学肥料をできるだけ用いずに，牧草の有効利用を図るとともに，堆肥を貴重な肥料として草地へ還元し，糞尿が有効利用される。その結果，生乳生産量は少なく，「低アウトプット」とはなるものの，低コストに生乳生産を行うことができる。また，牛は比較的長寿命となり，5産6産はあたり前で，ときには10産を越える経産牛が飼養されていることもある。過度に施肥されない牧草地では，雑草の侵入は抑制されて牧草優占の植生が維持されるため，爆発的な生産は期待できないものの，定常的な牧草生産は維持される。そして，現金収入は比較的少ないものの，支出が極力抑制されることにより，所得(率)の向上が期待される。

138

　また，このような低投入の経営形態では，系外，あるいは流域外から持ち込まれる窒素やリンなどの物質の量が比較的少ないことから，系内あるいは経営内での物質の循環がうまく図られていると考えられる。したがって，一般的なほかの酪農経営形態と比較すると，河川や湖沼の水質などといった流域環境に対しての影響は小さいと推察される。一方で，化学肥料を十分に施用しないことから，草地の生産性は低いと考えられている。また，濃厚飼料を牛に極力給与しないことから，生乳生産など，家畜の生産性も低いと考えられている。その結果，低投入型の酪農家が増えた場合，国内での生乳生産量が極端に低下し，牛乳・乳製品に対する需要を国産品だけで賄うことが現在以上に困難になるであろうと懸念されてもいる。

(3)「マイペース酪農」とは？

　系外あるいは酪農経営の外からの肥料・飼料由来の窒素やリンのインプットを削減するための方策のひとつとして，「乳量は比較的少なくとも，購入飼料・肥料を大幅に減らすことにより，高所得が得られる」酪農経営形態への転換が挙げられる。既に述べた「④草地利用(低投入)型」の経営形態がこれにあたるが，なかでも「マイペース酪農」と称される酪農経営を営んでいるグループでは，四半世紀ほど前から，このような取り組みを行っている。

　「マイペース酪農」は，自家生産の牧草など，「粗飼料」を中心とした牛乳生産を行い，生産よりも暮らしを重視する酪農であり(三友, 2000)，1991年に始まった「マイペース酪農交流会」という運動によって北海道根釧地域に広まっている(吉野, 2003)。「マイペース酪農交流会」では，毎月1回，放牧を中心とした酪農経営を行っている農家を訪問・視察しつつ，三友氏はじめ，「交流会」の古参と若手が活発な討議を交わす取り組みを行っている(写真1)。午前中は放牧地や牛舎を巡って，草地に坑を掘って土壌や植物の根系，土壌動物を観察したり(写真1)，放牧牛を観察して，牛の健康状態や飼養形態を議論したりする，というのが，夏場の交流会のスタイルとなっている。

　「マイペース酪農」の特徴としては，比較的小規模な乳牛飼養頭数，低泌乳量，購入飼肥料などの外部資源投入量が少ない，放牧活用，農業支出減少

第4章 物質の環の再生　139

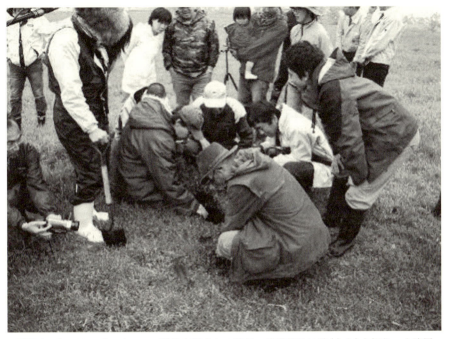

写真1　ある日の「マイペース酪農交流会」の光景。放牧草地に坑（あな）を掘り，土壌層位や植物根系，土壌動物などを観察して，議論しているようす。

による比較的高い農業所得，高い農業所得率，労働時間減少による余暇増大などが挙げられる（三友，2000；吉野，2003）。

さらに「マイペース酪農」による酪農経営は，環境保全面からも，慣行型の酪農経営と比較して，エネルギー消費量とCO_2排出量が少ないこと（河上ほか，1997）や，表面水の水質，酸性化，富栄養化，地球温暖化において環境負荷が少ないこと（増田ほか，2005）が示されている。このような酪農経営形態において，自家生産された牧草を，最大限，牛乳生産に活かすことにより，低コストで，かつ環境にも優しく牛乳を生産することができる可能性がある。

2.3 「マイペース酪農」実践農家における生産と物質循環

(1)「マイペース酪農」草地の生産量を明らかにする

人にも環境にも優しいと思える「マイペース酪農」であるが，では，具体的な生産量や経営，物質循環はどのようなものであろうか？　「マイペース酪農」実践酪農家の草地は，無施肥または低水準での施肥によって維持されているが，その生産量について年間を通じて調査した事例はない。そこで筆者は，「マイペース酪農」実践酪農家のなかでも，比較的高い所得を上げている酪農家の牧草地(ともに草地更新後25年程度経過している)において，草の生産量を明らかにするための調査を行った。

風蓮川本流に隣接する別海町泉川の A 牧場(写真2上)と，ノコベリベツ川支流丸佐川に隣接する浜中町西円朱別の B 牧場(写真2下)の採草・放牧兼用牧草地において，生産量の調査をさせていただいた。双方とも，毎年7月上旬にサイレージ(発酵飼料)用の牧草を収穫した後，10月まで牛が放牧される。これらの牧草地において，7月の牧草収穫時に収量を調査した後，草を牛に採食されないようプロテクトケージ(写真2下)を設置し，放牧終了までの毎月，牧草の生産量を，2014年度および2015年度の2年間調査した。

牧草の生産量は，50 cm×50 cm の方形枠内に生育している植物すべての地上部を刈り取り(各牧場3か所。写真3上)，種(あるいはグループ)ごとに分別し(写真3下)，熱風乾燥した後，乾物重量を測定して，季節ごとの生産量や生産速度を算出するとともに，慣行型酪農の牧草地における生産量(近隣農業試験場のデータを代用)と比較した。

(2)意外と少なくはない「マイペース酪農」草地の生産量

A 牧場および B 牧場における採草・放牧兼用牧草地における生産量の変化を，図13および図14に示した。両牧場とも，日乾物生産速度(1日あたりの乾物生産量)および季節変化は同様の傾向で，1番草採草までの生産速度が極めて高く，その後，秋にかけて減少していた。B 牧場では，A 牧場と比較して，「地下茎型イネ科雑草」と呼ばれているリードカナリーグラスやシバムギなどの割合が，期間を通じて多い傾向であった。

第 4 章 物質の環の再生　141

写真 2　風蓮川本流に隣接する別海町泉川の A 牧場の採草・放牧兼用牧草地(上)と，浜中町西円朱別の B 牧場の採草・放牧兼用牧草地に設置したプロテクトケージ(下)。ともに毎年 7 月上旬にサイレージ用の牧草を収穫したのち，10 月まで牛が放牧される。

写真3 刈り取った牧草サンプル(上)と，種ごとに分別した牧草サンプル(下)。刈り取った牧草サンプルを草種ごとに分別する作業は，極めて骨の折れる作業である。

第4章 物質の環の再生　143

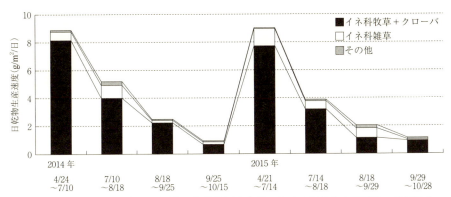

図13 別海町泉川のA牧場の採草・放牧兼用牧草地における日乾物生産速度の季節変化（2014〜2015年）。1番草採草までの生産速度が極めて高く，その後，秋にかけて減少している。

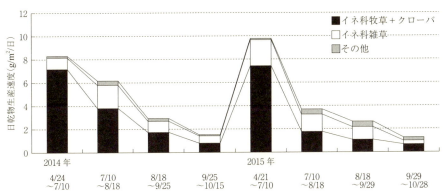

図14 浜中町西円朱別B牧場の採草・放牧兼用牧草地における日乾物生産速度の季節変化(2014〜2015年)。1番草採草までの生産速度が極めて高く，その後，秋にかけて減少している。A牧場と比較すると，「イネ科雑草」の占める割合が若干多い。

　2014年の生育期間における牧草(イネ科牧草+クローバ)の総生産量(乾物収量)は，A牧場が892.0 g/m^2，B牧場が789.3 g/m^{2}であった。この値は，近隣の農業試験場(中標津町)における放牧地(オーチャードグラス3年目草地の2014年平年値)の年間収量756 g/m^{2}を越えており，採草地(チモシー3年目草地の2014

年平年値)の年間収量 899 g/m² に迫る値となった(「根釧農業試験場年報」の値を引用)。

しかし，2015 年は，別海町および浜中町では，夏季の降水量が少なく，また気温が低く経過した時期もあったため，1 番草採草以降の牧草の伸長が 2014 年と比較すると若干低下し，それにともなって収量もやや減少した(図 15)。それでも，2015 年の生育期間における牧草の総生産量は，A 牧場が 833.9 g/m²，B 牧場が 722.7 g/m² となり，オーチャードグラス 3 年目の放牧地の収量(2015 年における平年値。根釧農業試験場定期作況状況データを引用)である 694.0 g/m² は上回る収量となった。

なお，両牧場とも，イネ科雑草も飼料として利用しており，それらを含めると，2014 年の総生産量は A 牧場では 1,028.4 g/m²，B 牧場 1,041.2 g/m² となり，近隣農業試験場のチモシー採草地の平年値と比較すると，はるかに高い収量となる。「マイペース酪農」実践農家における牧草地の生産量は，一般に低いと考えられてきたが，必ずしもそうではないことが示された。このことは，「マイペース酪農」の牧草地には，根粒菌による窒素固定を行うマ

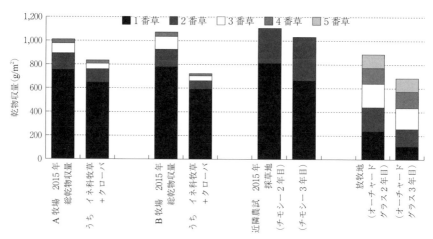

図 15 A 牧場および B 牧場における生産量と近隣農業試験場における 2015 年の生産量との比較(北海道総合研究機構・根釧農業試験場定期作況状況の値を引用)。

メ科植物が多く生育している（小路ほか，2016）ため，窒素肥料をさほど施用しなくとも，空気中の窒素が固定され，イネ科牧草に供給されているということが，要因のひとつとなっていると推察される。草地更新後，25年を経過した牧草地でも，造成後間もない牧草地と比較しても遜色のない生産性が維持されていることが明らかとなった。「アーバスキュラー菌根菌」のような，土壌中に強く吸着されたリン酸を植物に供給することができる微生物と牧草との共生などについても，今後，解明されるべき課題である。特に，長期間更新されず，強度の土壌攪乱を受けていない牧草地では，さまざまな微生物と牧草との共生関係が生じている可能性がある。

(3)「マイペース」な酪農家の経営状況

「マイペース」という言葉から連想される酪農家のイメージとして，大ざっぱに草地や家畜の管理を行い，経営状況の改善や向上を本気では考えずに，「その日暮らし」的な酪農経営を行っている酪農家が，「マイペース酪農」に取り組む酪農家であると，一部では誤解されているようである。しかし，どうもそうではなさそうであるということを，ここまでお読みいただいた読者は感じていらっしゃることと筆者は推察する。

先に述べた「マイペース酪農交流会」の年次総会的な交流会が，毎年春に開催されている。その年次交流会では，毎年前年の「マイペース酪農」に取り組む酪農家の経営状況を公開している。

その資料をもとに，浜中町西円朱別のB牧場，「マイペース」の酪農家8戸の平均，および道東C農協平均の経営データを比較した（表3）。B牧場では，隣接する離農跡地を購入した経緯もあり，広大な草地にも恵まれ，購入飼料代を極めて少ない金額に抑えることができている。また，堆肥や比較的安価な鶏糞を施用することにより，購入肥料代についても，抑制することができている。このようなことから，搾乳牛1頭あたりの年間乳量が6,000 kgを割っていても，高い所得が得られていることが明らかとなった。2014年の資金返済後の所得は2,000万円を越え，極めて高い所得を上げた。

また，「マイペース酪農」実践農家8戸平均の資金返済後所得も1,500万

表3 2014年のB牧場，マイペース型酪農家，および道東C農協所属酪農家の経営比較の概要（データは，B牧場での聴き取り，および「マイペース酪農年次交流会」資料による）。

	B牧場	マイペース8戸平均	道東C農協平均
草地面積	92 ha	61 ha	78 ha
搾乳牛頭数	63 頭	46 頭	78 頭
出荷乳量	355 t	286 t	579 t
農業収入合計	3,838 万円	3,188 万円	6,375 万円
購入飼料代	304 万円	500 万円	1,966 万円
購入肥料代	100 万円	128 万円	272 万円
農業支出合計	1,513 万円	1,676 万円	4,747 万円
資金返済後所得	2,325 万円	1,512 万円	1,628 万円
1頭あたり年間乳量	5,635 kg	6,217 kg	7,417 kg

円を超えている。道東C農協平均の所得金額には少し及ばないものの，サラリーマンの平均年収と比較すると，決して少ない所得額ではない。

　このことから，「マイペース酪農」は，決して儲からない酪農経営形態ではないということがいえよう。もっとも，B牧場の例は，牧場経営主ご夫婦による日々のたゆまぬご尽力によるところが大きいとも考えられるが，「土」「草」「家畜」を絶えず観察して考え，その都度適切な答えを引き出す作業を怠らないという「マイペース酪農」の基本的な理念を貫けば，不可能ではない所得額であるようにも感じている。

(4)「マイペース酪農」実践酪農経営における物質循環

　では，「マイペース酪農」を実践している酪農家における物質の移動や循環は，どのようになっているであろうか？　B牧場における購入飼料・肥料，そして生乳や子牛などの販売数量のデータから，窒素の収支を算出した。

　B牧場では，牛の栄養補給源として，グラニュー糖の原料であるビート（サトウダイコン）の搾り粕であるビートパルプ，小麦を粉にひいたときにできる種皮のくずである麩を，毎日少量ずつ牛に給与している。また，約90 haの牧草地に，肥料源として，鶏糞を施用している。これらを投入量（インプット）として，また，販売される生乳350 tと牛45頭を産出量（アウトプット）と

して計算した。

その結果，投入量のうち，購入飼料によるものが約1.4 t/年，購入肥料(鶏糞)によるものが約1.4 t/年と推定され，合計約2.8 t/年(降水および窒素固定によるものは算定せず)の窒素がB牧場全体に入ってくると推定された。そして，産出量(生乳および牛個体)が約2.0 t/年となった(図16)。

牛の糞尿の排泄による窒素量を，築城・原田(1997)の方法に従って算出すると，約8 tの窒素量となり，購入飼料と自給牧草の採食による牛の窒素摂取量を上回る結果となった(図16)。そこで，糞尿の排泄による窒素量は，採食による窒素量(約2.9 t/年)から，生乳および牛個体の販売による産出量(約2.0 t/年)を差し引いた値(約0.9 t/年)とし，ここから放牧地および牛舎・堆肥場などにおいて揮散する量を，増田ほか(2005)に準じ，約0.1 t/年と算出した(図16)。残った窒素量約0.8 t/年が，堆肥や放牧牛の糞尿として，牧草地へ還元(散布)されていると推察された。

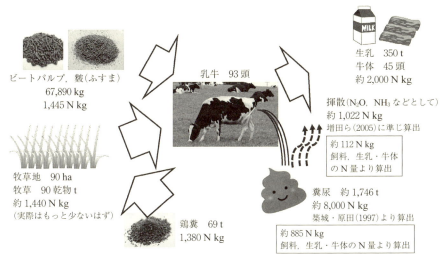

図16 B牧場における年間窒素収支の概算。牛が採食摂取する約2.9 tから，生乳と牛体の販売による産出量を差し引いた残りの窒素量約0.9 tを糞尿に含まれる窒素量(図中□で囲まれた値)とし，さらに揮散量約0.1 t(図中□で囲まれた値)を差し引いた残りの約0.8 tの窒素が，堆肥や放牧牛の糞尿として，牧草地に還元されていると推察される。

この堆肥・糞尿還元量約0.8 tと，購入肥料（鶏糞）による約1.4 tが，B牧場の牧草地に施肥される年間窒素量となる。B牧場で収穫される牧草に含まれる窒素量が約1.4 t（あるいはそれ未満）と推定されるため，窒素収支としては，「過剰施用」という結果になってしまう。しかし，上記の堆肥・糞尿還元量と鶏糞施用量から牧草地10 aあたりの窒素施肥量を算出すると，年間約2.4 kg/10 aとなる。この値は，これで牧草生産が可能なのかと疑わしくなるほど極めて少ない施肥量で，北海道が定める施肥の基準量を大きく下回る。

　物質循環の過程には必ずロスがあるため，施肥した窒素量に対して，植物がどれだけ吸収・同化できるかを示す「窒素利用効率」は100％にはなり得ない。したがって，生産によって得ようとする量よりも多くの窒素施肥が必要とされるため，たとえ「マイペース酪農」生態系であっても，収量以上の窒素施肥が不可欠であると考えられる。このことは，「マイペース酪農」に関する既往の研究・調査結果でも，産出される窒素が投入された窒素を上回らないということで示されている（増田ほか，2005；藤本・谷，2016）。

　しかし，これだけ少ない施肥量でも，比較的高い牧草生産量を維持できるのは，長期間，草地更新しないことにより，さまざまな微生物が牧草地に生息するようになるためであろうと，酪農家たちは信じている。学術的な確証はまだ得られてはいないが，土壌粒子に強く吸着されたリンの植物根への吸収を促すアーバスキュラー菌根菌などを介して，マメ科に共生する根粒菌が空気から固定した窒素が，イネ科植物に吸収されているという説も存在する。土壌微生物研究分野における今後の成果を待ちたい。

2.4　地域の新たな文化的景観として酪農地帯の再評価
(1)さまざまな生態系の集まりとしての「景観」

　「景観生態学(landscape ecology)」という研究分野では，森林や草地，河川など，生態学的な機能が異なる生態系の集合体を「景観」と呼んでいる。河川の周囲が森林に囲まれている場合と，草地に囲まれている場合とでは，河川の生物の種組成や個体数は異なってくるであろうし，その河川が景観のなかで果たす機能も異なってくると考えられる。また，ひとつの景観のなかに

存在する森林の面積が等しくても，ひとつの森林としてまとまっているのか，複数に分かれているかで，森林中の生物の種組成や個体数は異なり，森林が有する生態学的な機能も異なってくると考えられる。このように，景観に含まれる生態系（景観要素）の空間配置と生態系のプロセスや個々の生態系がもつ機能を解明するのが，「景観生態学」である。地球上の景観は，たいていの場合，人間活動の影響を受けてたやすく変化する。そのため，景観の全体像を解明するためには，自然科学的な側面のみならず，社会的・文化的な側面からのアプローチも必要となる。

このたび研究対象とした風蓮湖流域は，「草地」「森林」「河川」「湿地」「湖沼」といったさまざまな景観要素によって構成されていた。したがって，本流域は，上記のような観点からは，まさにうってつけの「景観生態学」の研究対象地域であるとともに，研究内容も「景観生態学」そのものであったといえる。

(2)酪農地帯は，あらたな「里山」になり得るか？

さらに，「酪農地帯」は，人々のたゆみない営みによって形成された景観であり，地域固有の文化や，酪農家をはじめとする人々の暮らしが息づいている（写真4）。内地（北海道の人々が本州，四国，九州を指していう語）では，人々の営みによって形成された文化的景観が「里山」と呼ばれるようになったが，道東の酪農地帯は，「里山」にはなり得ないのであろうか？

確かに，酪農地帯の多くを占める牧草地では，外来植物であるカモガヤ（オーチャードグラス）やオオアワガエリ（チモシー）などが優占し，一般的な「里山」のイメージには馴染まないかもしれない。しかし，内地の「里山」における重要な景観要素のひとつである水田の優占種はイネであり，立派な外来植物である。また，かつての薪炭林を構成するクヌギやアベマキなどの広葉樹も，もともとその地に自生していたかどうかは疑わしい。

そのようなことを勘案すると，道東の酪農地帯も，「里山」の仲間入りをさせていただいてもよいのではないだろうか？　内地の「里山」においては，伝統的な稲作や炭焼き文化は既に廃れ，水田は画一化され，燃料としてはガ

写真4 中標津空港に着陸しつつある飛行機から見下ろした酪農地帯の景観(撮影・長坂有)。格子状に発達した防風林や，沢沿いに残された渓畔林は，牧草地とは異なる生態学的な機能を有している。酪農家をはじめとする人々の営みによって形成された景観であり，文化的価値をも有していると考えられる。

ス石油類が主流となり，もはや薪炭はほとんど用いられていない。一方で，「マイペース酪農」では，昔ながらの酪農経営や草地管理手法を維持しつつも，一定の進化を遂げ，高所得を上げるに至っている。

　酪農地帯全体ではないが，これらの地域における景観構成要素のひとつである森林を評価する取り組みも出てきている。酪農地帯の牧草地を取り巻く「根釧台地の格子状防風林」が「北海道遺産」に指定され，「スケールにおいても地球規模的な，北海道ならではの雄大なもの」「防風効果だけではなく野生動物のすみかや移動の通路としての機能も果たしている」「開拓時代の植民地区画を示す歴史的意義も持つ」として評価されるに至っている(「北海道遺産」のホームページより)。

　酪農地帯の防風林は，景観生態学的観点からは，防風効果や野生生物のす

みかや移動経路など，「コリドー」としての機能だけではなく，土壌や肥料・土壌改良資材の飛散防止や，家畜糞尿・堆肥，あるいはサイレージ（発酵飼料）から発生する臭気の拡散抑制，窒素やリンなどの河川など集水域への流入防止にも貢献していると推察される。なお，牧草地を取り巻く防風林は，酪農家における冬季の重要な暖房用燃料である薪や，生け垣や盆栽などとして植栽するための苗木の供給の場としても機能しており，このような形でも，防風林が地域の「酪農文化」の一翼を担っていることを記しておきたい。

(3)人口減少社会における低投入型酪農経営体の存在意義

　北海道では，札幌への一極集中と人口減少が同時に進行し，地方都市や農村部における過疎化が急速に進行している。今後さらなる人口減少の加速化が懸念されており，離農や集落の消滅も増大すると考えられる。

　一方，草地を高度に活用した低投入型の酪農経営では，牧草地への施肥量を極力少なくすることにより，購入肥料代を抑制しつつ，牧草地を比較的良好な状態で，長期間維持していることが示された。それらのことによって比較的高い牧草収量を得ているとともに，購入飼料代を抑え，支出を抑制することができている。このことにより，年間の出荷乳量（＝収入）が少なくとも，高い所得を上げていることが明らかとなった。

　このような草地をうまく活用する低投入型の酪農家が，離農跡地を放牧・飼料生産の場として有効に活用することにより，集落の消滅を防ぐことにもつながるのではないだろうか？　酪農家の所得が向上することによって地域での個人消費が増大し，地域経済の活性化につながることも期待される。濃厚飼料・化学肥料購入などの農業支出が少なくなることによって，農業関連の売り上げや手数料が低下・減少することも懸念されてはいるが，地域経済の活性化には，本社・本部が札幌や主要都市に集中する農業資材・機械などのメーカーや販売業者・団体へお金が流れることよりも，個々の酪農家における可処分所得の増大が不可欠である。離農だけではなく，酪農家の大規模化・集約化が進行して小規模な酪農家が消滅し，酪農家戸数が極端に減少して，集落が消滅してしまえば，すべてが無に帰することにつながってしまう。

ちなみにB牧場では，飼養されている牛は，春〜秋の間，毎日放牧地で自由に草を食べているため，牛舎の清掃などの手間がかからず，経営者ご夫婦は，いつお邪魔してもご不在のことが多い。搾乳時間帯以外は，趣味や地域の会合などに時間を費やす余裕があるとのことである。もちろん，夫婦2人で2,000万円超という年間所得も，既存の酪農家や新規就農希望者にとっては極めて魅力的であり，酪農経営形態の転換や，新規就農者の呼び込みを加速する要因となり得よう。このようなゆとりのある「楽農」なら，今後，新規就農者が増えることも期待できそうだ。

ただ，B牧場のような低投入型の酪農家が増えた場合，北海道全体の牛乳生産量が極端に減少してしまうという懸念もある。仮に，北海道で現在牧草や飼料作物が栽培されている農地面積約40万haにおいて，B牧場と同じ形態で酪農経営を行ったとした場合，現在年間380万tあまり生産されている牛乳は，160万t程度の年間生産量にまで低下すると試算される。これは極端な試算例ではあるが，今後，万一TPPへの対応などにより，外国に対して市場開放も行わざるを得なくなった場合の「最終手段」として，北海道酪農のありかたの，ひとつの選択肢となりうるかもしれない。

(4)ミツバチの夏季転飼先としても重要な放牧地

「風蓮湖流域」のプロジェクトを終え，筆者は新たに「ミツバチ安定供給」というプロジェクトを担当することとなった。恥ずかしながら，そのような状況になって初めて知ったのであるが，北海道が本州の養蜂家の夏場における重要な転飼（本来蜜蜂を飼育している都道府県から，ほかの都道府県に蜜蜂を移動して飼育すること）先になっているとのことである。

確かに，夏の間，北海道ではあちこちでさまざまな野の花が咲き乱れ，ミツバチにとっては楽園となりそうだ。しかし，水田畦畔（「あぜ」のこと）やその周辺に咲く花の蜜や花粉を求めて飛来したミツバチが，カメムシ防除の農薬に曝されて大量死する被害が発生しているという。

北海道におけるコメの産出額は1,000億円を超え，極めて重要な作物となっている。さらに近年，北海道米の評価が高まっており，より高品質なコ

メの生産が望まれている。カメムシの食害はコメの品質低下をもたらすため，稲作農家にとって，カメムシ防除は欠くことができないとのことである。

そこで脚光を浴びたのが，「放牧地のシロツメクサ」である。確かに，常に牛の採食圧を受ける放牧地では，イネ科牧草による被陰が緩和されるため，シロツメクサが繁茂しやすい。また，牧草地では，通常，殺虫剤を散布しないため，ミツバチが農薬に曝される心配もない。この放牧地を，カメムシ防除薬散布時期に，ミツバチの「避難先」として活用しようというプロジェクトである。

現在進行中のプロジェクトであるため，特段の成果はまだ得られてはいないが，ミツバチは好んでシロツメクサを訪花する(写真5)ことから，農薬散布時期にシロツメクサを開花させることができさえすれば，よい結果が得られそうである。聖書に記述されている「乳と密の流れる地」は，実は，北海道の酪農家の放牧地だったのである。

放牧地が有しているこのような「生態系サービス」も，今後，明らかにされてゆくであろう。

写真5 シロツメクサを訪花するセイヨウミツバチ。低投入型の酪農家の牧草地には，イネ科牧草に混じってシロツメクサが多数生育している。シロツメクサは，シナノキなどと並んで，北海道における夏季の重要な蜜源となっている。

154

[引用・参考文献]

Arnold, J. G., and Allen, PM. (1999) Automated methods for estimating baseflow and ground water recharge from streamflow records 1, Journal of the American Water Resources Association 35(2): 411-424.

Ames, D. P., Michaelis, C., and Dunsford, T. (2007) Introducing the MapWindow GIS project. OSGeo Journal 2. osgeo.org/journal.

別海農業協同組合・北海道根室支庁南根室地区農業改良普及センター(1997)営農改善資料第25集. URL：http://www.nemuro.pref.hokkaido.lg.jp/ss/nkc/kannkoubutsu/no25/3siryousakumotu1.pdf

藤本秀明・谷友和(2016)永年草地に立脚した営農実践における，乳牛の状況と若干の物質収支. 日本草地学会誌 62：18-22.

北海道中央農業試験場(1973)地力保全基本調査成績書 標津地域別海町.

北海道中央農業試験場(1975)地力保全基本調査成績書 厚岸地域浜中町.

北海道庁農政部(2010)北海道施肥ガイド2010. http://www.maff.go.jp/j/seisan/kankyo/hozen_type/h_sehi_kizyun/hokkaido01.html

可知豊(2008)ソフトウェアライセンスの基礎知識：オープンソース×ソフトウェア開発×ビジネス. ソフトバンククリエイティブ. 296pp.

環境省生物多様性センター「第6および7回自然環境保全基礎調査植生調査報告書」. URL：http://gis.biodic.go.jp/webgis/sc-006.html

加藤亮 online「SWAT COMMUNITY SITE」. URL：http://zoukou.life.shimane-u.ac.jp/~somura/swat/index.html(2016年8月30日閲覧)

河上博美・干場信司・吉野宣彦・石沢元勝・森田茂・小阪進一・池口厚男(1997)経営的収益性および投入化石エネルギー量による酪農場の複合的評価. 酪農学園大学紀要自然科学編 22：159-163.

気象庁「過去の気象データ・ダウンロード」. URL：http://www.data.jma.go.jp/gmd/risk/obsdl/(2016年8月30日閲覧)

公益社団法人石川県畜産協会「いしかわのちくさん」. URL：http://ishikawa.lin.gr.jp/kankyo/02.htm(2016年8月30日閲覧)

国土交通省「国土数値情報 河川データ」. URL：http://nlftp.mlit.go.jp/ksj/gml/datalist/KsjTmplt-W05.html(2016年8月30日閲覧)

国土地理院「基盤地図情報10mメッシュ(標高)」. URL：http://fgd.gsi.go.jp/download/(2016年8月30日閲覧)

増田清敬・高橋義文・山本康貴・出村克彦(2005)LCAを用いた低投入型酪農の環境影響評価—北海道根釧地域のマイペース酪農を事例として—. システム農学 21：99-112.

三友盛行(2000)マイペース酪農—風土に生かされた適正規模の実現. 農山漁村文化協会. 226pp.

三上英敏・藤田隆男・坂田康一(2008)酪農地帯，風蓮湖流域河川の水質特性. 北海道環境科学研究センター所報 34：19-40.

小路敦・渡辺也恭・髙嶋幸男(2016)永年草地を維持する基盤としての土壌層位および物理的特性，そして地球環境への貢献. 日本草地学会誌 62：8-13.

農林水産省生産局畜産部畜産企画課畜産環境・経営安定対策室(2015)家畜排せつ物法施行状況調査結果. URL：http://www.maff.go.jp/j/chikusan/kankyo/taisaku/pdf/sekou.pdf(2016年8月30日閲覧)

QGIS Development Team (2016) QGIS Geographic Information System. Open Source Geo-

spatial Foundation Project. URL: http://www.qgis.org/
酒井治(2009)適正な施肥による河川水質の改善．根釧農試酪農研究通信 18.
宗村広昭・武田育郎・森也寸志(2008)SWAT モデルを用いた SS 成分の流出量解析，農業農村工学会大会講演会講演要旨集．
築城幹典・原田靖生(1997)家畜の排せつ物推定プログラム．システム農学 13：17-23.
吉野宣彦(2003)根釧地域における「マイペース酪農」．北海道農業 30：26-34.

カメラ目線で草を採食する放牧牛

地域住民の環の再生

第 5 章

1. 流域の上下流における自然認識の差異

1.1 合意形成を阻む「視点」の違いはどこから？

　流域連携や上下流の合意形成を進めるうえで課題となるのは，問題となっている現象の捉え方(因果関係の解釈)が上下流住民で異なることが往々にしてあることである。我々が過去に実施した調査では，上流自治体と河口域自治体が異なり，業種も異なっていたことから，情報交流がほとんどなく，上下流住民の自然認識，河川水質悪化の要因に対する認識も大きく異なっていた(長坂ほか 2006)。しかし，現象の捉え方，自然認識の違いが何に起因するか，どの程度の空間スケールにおいて差異が生じているかまでは考察が及ばなかった。

　今回の研究対象地である風蓮湖流域は，前述の通り，一部住民による流域連携の動きが自発的に生まれた道内でも先駆的な地域で，上下流住民の相互交流による情報共有が既になされていることが期待される。その一方で，プロジェクト開始前から聞いていたのは，上流(酪農家)と下流(漁業者)の間には未だ根深い対立構造があるということだった。流域連携の動きがありながらも，それはまだ一部の住民の間でのことで，大多数の住民にとっては，加害

者と被害者，という構図が横たわり，過去の事例と同様，共通認識をもつに至っていないことも十分に予想された。そこで我々は，流域住民へ直接聞き取り調査を実施し，風蓮川や風蓮湖の自然環境をどのように捉えているか，住民が語る「言葉」の特性(よく使う言葉や単語同士の結び付き)から，自然認識の特徴を抽出し，それが生活空間(居住地)の違いと対応しているかどうか，対応しているとすれば，地域ごとにどのような特徴があるかを抽出することで，合意形成を阻む視点の違いが何に起因するのかを探ることにした。

1.2　アポなし突撃インタビューを敢行
(1)調査対象範囲

　調査対象範囲は，風蓮湖流入河川流域に居住・営農する酪農家(陸域の住民)および風蓮湖岸の2漁協所属の漁師(沿岸河口域の住民)とした。訪問する酪農家の選定にあたっては，流域の上流・中流・下流のどこに位置するか，また各支流域(ヤウシュベツ川，姉別川，ノコベリベツ川など)との位置関係，行政区域(別海町か浜中町か)などを参考に，できるだけ居住地点が流域全体を網羅できるように配慮し訪問先を検討した。

(2)データセットおよび解析方法

　調査は，回答者の家に直接訪問し質問する訪問面接法で実施した。訪問面接法は調査員の面接技術が必要，調査に時間がかかるため回答者数を稼げない，といった短所がある一方，回答が確実に得られる，質問の意図を伝えやすい，調査員の観察による情報が得られる，など，配布型のアンケート調査とは異なり多様な情報を得ることができる(酒井，2003)。今回特に，住民の自然認識を把握する上で，地域特性や業種によって，回答者が口にする話題，単語などが異なるかどうか，どう異なるかが重要なポイントと考えたため，予め選択肢を用意せずに情報を引き出すには訪問面接法が最適であると思われた。訪問の際には，訪問先によって質問内容に差が出ないよう，また質問漏れをなくす目的で質問票を持参し聞き取りを実施したが，質問票に記載した質問以外の話題についても，自然認識に関連すると思われた場合には，会

話を継続し内容を記述した。

　我々は過去にも採水分析や地形測量，土砂動態の把握など河川流域の現地調査と並行して，流域住民の「ナマの声」を聞く調査を行ってきた(伊藤・笹, 1993；長坂ほか, 2006)。訪問面接法の最大の魅力は，住民の声を直接聞いているということが，のちのち結果を解釈するときの大きな助けになること，思いもかけない情報や人に出会えることであろう。もちろん，調査員にある程度の予備知識や話題の多様さ，話術が必要なのはいうまでもない。また留意しなければならない点として，会話の印象や手応えから，「思い込み」によって性急に結論を出してしまうことが挙げられる。何軒か回って話を聞くうちに，ある傾向が浮かび上がってくることは確かだが，その手応えを感じてから，次の訪問先でついその「傾向」を確認したくなり，追認を誘うような問いかけをするのは御法度である。また，訪問先で煙たがられる，怪しまれることもある。そういう家が続くと，精神的にダメージも受けるものである。さらに，会話を聞き取るには集中力が必要だが，そう何時間も持続するものではないので，1日に回れる軒数は限られてくるといってよいだろう。そうしたメリット，デメリットの両方を認識した上でも，「地域を理解する」手法として有効であると筆者は考えている。最終的に被験者を確保するために配布型アンケートを行うとしても，第一段階としては，聞き取り調査によって「地元の事情」を把握した上で，アンケートの設問内容を検討することをお勧めする。

　前述の通り回答者の居住地に偏りが出ないよう配慮し調査を実施した結果，解析に使用できた回答は2014年2月〜8月までの調査で酪農家27戸となった。回答者の年代は30代，40代は1戸ずつと少なくなってしまったが，50〜80代については5〜8戸と偏らずにデータ収集ができた(図1)。一方，調査対象流域における水質悪化は漁業者の間では特にデリケートな問題といわれてきたため，この調査では，漁師への聞き取り調査は漁協を通じ座談会方式で実施した。2014年9月29日に別海漁協，10月1日に根室湾中部漁協(以降，湾中)で，それぞれ6名，9名が参加し，環境変化や自然認識について聞き取り調査を行った。2漁協いずれも，回答者の平均年齢は60代であっ

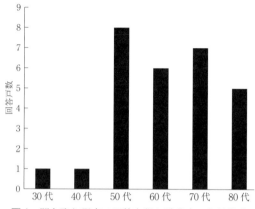
図1 聞き取り調査で回答を得た酪農家の年齢構成

た。回答者に警戒感を与えないよう，今回の調査では録音や写真撮影などは行わず，会話内容を記述するだけに留めた。そのため，原則として調査は二人以上で行い，聞き取りの内容をクロスチェックできるようにした。

　解析にあたっては，解析者による恣意的な解釈や抽出を避けるため，テキストマイニングによる計量分析を行った。これは，社会調査で得られる文章型(テキスト型)のデータを分析する手法で，テキストマイニングでは，コンピュータによってデータのなかから自動的に言葉を取り出しさまざまな統計手法を用いた探索的な分析を行う(樋口，2014)。今回の解析では，自由回答された内容をテキストファイルとして整理し(付表1)，そこから単語や動詞，副詞などを自動抽出し，上位の頻出語を対象に，居住地と頻出語の対応について対応分析を行うとともに，言葉どうしのつながりを共起ネットワーク手法により抽出，描画することを試みた。なお分析前の処理として，呼称は異なるが，種としては同一のものはどちらか(例えば，イワナ→アメマス，ヤマメ→サクラマスなど)に統一した。以上の解析はフリーソフトウェア KH Corder (http://khc.sourceforge.net/)を用いて行った。

1.3　住民はどんな言葉を使って「身近な自然」を語っている？

(1)頻出語と居住地の対応関係

　表1に，自由回答テキストデータから抽出した頻出語上位150語を示した。最も出現頻度が高かったのは「川」で，これは聞き取りにおいて川の環境について尋ねたことを反映している。次いで「昔」「昭和」が続き，時間や年代に関する言葉が抽出された。また頻出第4位に「サクラマス（ヤマメ）」が抽出されたが，川の生きものの種名上位5種には，サクラマス，イトウ，シロザケ，カワシンジュガイ，アメマスが挙げられ，この地域の川を代表する生きものであると同時に，歴史的に見ても地域住民にとって身近な存在であることを反映したものと考えられた。

表1　自由回答（全体）から抽出された頻出語上位150語とその出現回数

抽 出 語	出現回数	抽 出 語	出現回数	抽 出 語	出現回数
川	25	カワシンジュガイ	7	規模拡大	5
昔	20	見る	7	魚	5
昭和	18	作る	7	降る	5
サクラマス	16	出る	7	使う	5
牛	16	草	7	使える	5
年	16	入る	7	泥炭	5
減る	15	年代	7	土地	5
変わる	13	馬	7	酪農	5
増える	12	たくさん	6	流れる	5
牧草	12	亜麻	6	アマモ	4
イトウ	11	悪い	6	ウグイ	4
湿地	11	下	6	ヨシ	4
水	11	湖	6	雨	4
拡大	10	事業	6	河畔	4
食べる	10	場所	6	見える	4
水量	10	草地	6	行く	4
今	9	大木	6	高い	4
多い	9	釣り	6	砂	4
シロザケ	8	伐つ	6	産卵	4
最近	8	風蓮川	6	姉別川	4
排水	8	アメマス	5	新酪	4
木	8	オラウンベツ	5	森林	4
来る	8	ナラ	5	人	4

162

表1(つづき) 自由回答(全体)から抽出された頻出語上位150語とその出現回数

抽 出 語	出現回数	抽 出 語	出現回数	抽 出 語	出現回数
浅い	4	砂利	3	ウサギ	2
前	4	山	3	エサ	2
増水	4	思う	3	エビ	2
堆肥	4	時期	3	カラフトマス	2
大きい	4	上る	3	シカ	2
大雨	4	植生	3	シジミ	2
泥	4	侵食	3	スイカ	2
特に	4	森	3	スラリー	2
入植	4	深い	3	ソバ	2
粘土	4	進む	3	ドジョウ	2
伐る	4	川底	3	ハスカップ	2
牧場	4	草地更新	3	ビート	2
でんぷん工場	3	炭	3	ブル	2
カラマツ	3	地域	3	マス	2
ササ	3	直線化	3	モクズガニ	2
タモ	3	釣る	3	以前	2
ノコベリベツ	3	転換	3	育つ	2
ハンノキ	3	土	3	育てる	2
ヤス	3	頭	3	一気に	2
飴色	3	農家	3	一時	2
育成	3	売る	3	芋	2
火山灰	3	負担	3	汚濁	2
開墾	3	風蓮湖	3	奥	2
機械	3	聞く	3	火事	2
規模	3	補助	3	火薬	2
傾斜地	3	きれい	2	回復	2
月	3	ふ化	2	海	2

　次に，抽出された頻出語のうち，出現頻度が3回以上の単語を対象に居住地と頻出語の対応関係を対応分析(correspondence analysis)により解析した。居住地の区分について，まず陸域と河口域に分け，さらに陸域は自治体(別海・浜中)で分け全体を3区分したところ，一軸で全体の55％を，二軸で44％を説明できるという結果となり，一軸は陸域と河口域を分ける軸，二軸は別海町と浜中町を分ける軸という特性をもつことが示された(図2)。すなわち，各地域で語られる「自然」に関する言葉には地域特性があり，河口域では河口域の，また浜中町では浜中町の，別海町には別海町の，それぞれ住民が表

第5章 地域住民の環の再生　163

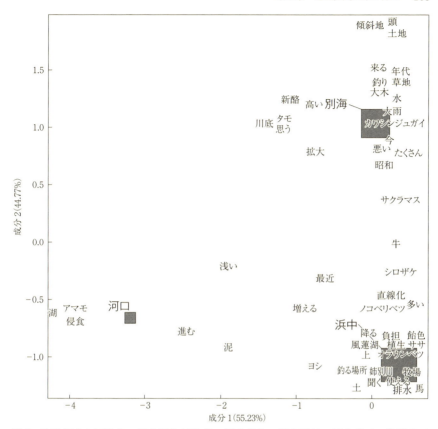

図2 出現頻度3回以上の頻出語と回答者の居住地との対応関係。居住地は，漁業者は「河口」で一括りにし，酪農家は自治体（別海町・浜中町）によって区分した。□は回答者の居住地区を表し，頻出語との対応関係を示している。

現する「川」や「自然」の描写が異なることが明瞭に示された。特徴として，河口域住民は，「湖」「アマモ」「侵食」「浅い」といった風蓮湖に関する描写が多いことがわかった。また，別海町住民の発する言葉は「草地」「釣り」「大木」など，浜中町住民は「ノコベリベツ」「オラウンベツ」「姉別川」といった具体的な河川名が語られたことが特徴的であった。

写真1 浜中町内を流れるノコベリベツ川。風蓮川の中流付近で合流する比較的大きな支流のひとつ。浜中町内を流下する各支流は砂礫に富み，サケマス類の産卵床形成に適した環境となっている。河口近くに捕獲場があるため遡上量は減少しているが，今でも，毎年サケの遡上を見ることができるとのことである。

(2) 共起ネットワークによる「言葉のつながり」の可視化

　同様に，出現頻度が3回以上の単語を対象に，共起ネットワークにより出現のパターンが類似する言葉（ある言葉が語られたときに，同時に発せられた言葉）の抽出を試みた（図3）。頻出語の結び付きにはいくつかの特徴的な塊が抽出された。河口域住民（2漁協）に共通して抽出されたのは「アマモ」「湖」「侵食」「進む」「泥」であったが，これらはすべて風蓮湖の環境を説明していた言葉であり，陸水域の住民から発せられなかったため，単独のネットワークとして抽出された。

　それ以外の塊はすべて陸水域の住民から得られた回答にあった言葉によっ

第 5 章 地域住民の環の再生　　165

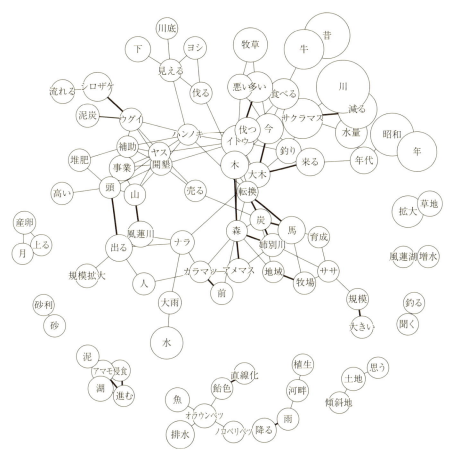

図 3　出現頻度 3 回以上の頻出語どうしの結びつき。○の大きさは出現頻度を，線の太さは結びつきの強さを反映している。ただし○の布置された場所や線で結ばれていない言葉どうしの位置関係には意味はない。

てネットワークが構成された。出現頻度が高い言葉(円の大きさが大きいネットワーク)で構成された塊では，「川」「水量」「減る」，「サクラマス」「釣り」「大木」「イトウ」「伐る」などの言葉の結び付き，共起性が示された。この塊は，別海町，浜中町両方から同様に得られた情報であることを反映していると考えられた。また，具体的な河川名は，前述の通り浜中町の住民からの回答に多

かったが,「姉別川」と「アメマス」,「姉別川」と「馬」「牧場」などの結び付きは,姉別川沿いの住民から共通して「アメマスが多い」あるいは「この地域の牧場の始まりが馬であった」ことが回答されたことを反映したものである。さらに,「直線化」「排水」という言葉と「オラウンベツ」「ノコベリベツ」という河川名の結び付きも特徴的に抽出された。風蓮川流域で蛇行河道を直線化したのはノコベリベツ川流域(丸佐川,オラウンベツ川はノコベリベツ川支流)のみであるが,平坦でなだらかな地形ながら泥炭層を所々に含む牧草地の排水性は悪く,昭和50年代に一帯の排水事業が進められた経緯がある。この地域の住民にとっては,身近な川の変貌として最もインパクトが大きかったのが川の直線化であり,牧草地の排水事業と結び付いていることも表

写真2 浜中町内を流れるオラウンベツ川。ノコベリベツ川の支流のひとつ。河畔に泥炭が分布し,水はけの悪い低湿地帯であったため,細かな蛇行河道を直線化し今の姿になった。地元住民には「飴色の水」が流れる「鱒川」として認識されている。

第5章　地域住民の環の再生　167

しているといえる。また，オラウンベツ川の水の色は飴色だと回答する住民が複数いたことが共起ネットワークにも反映されていたが，オラウンベツ川流域に広く分布する泥炭由来の腐植を豊富に含む河川水の特徴をよく表しているといえる。

1.4　酪農家の間でも地域単位で自然観が異なっていた

テキストマイニングという機械的な手法を用いて，回答者の居住地区と「語られる」言葉の対応関係を解析した結果，明瞭に上下流の違いが示された。これは聞き取りを行っている段階で予測された結果でもあったが，今回の調査では，上下流（酪農家と漁業者）の差異だけでなく，上流住民すなわち酪農家の間にも差異があることが浮き彫りとなった。そこで，解析に用いた頻出語（出現頻度3回以上の単語）を用い，クラスター分析を行って回答者間の類似度を算出してみることにした。つまり，回答者が語る言葉の組み合わせが「似たもの同士」を抽出してみよう，と考えたのである。

クラスター分析の結果，酪農家さんは4つのグループに分けられた。それぞれのグループがどんな言葉を多く発しているかを把握するために，頻出上位語の出現割合を集計してみた（図4）。まずグループ1と3は，そもそも語彙数が少ない回答者で構成されていることがわかった。属性を具体的に確認すると，グループ1は新規就農者（平成年代に移住）によって特徴付けられるグループだった。グループ3は語彙が少ない回答者のうち，新規就農者以外で構成されていた。では，グループ2と4の分かれ目は何だったのだろうか。

特徴的な違いのひとつとして，語られる「魚種」の違いがあった。すなわち，グループ2の回答者は「イトウ」について語る傾向があり，グループ4の回答者は「ヤマメ（サクラマス）」について語る傾向があった。もうひとつは牧草を生産する上での立地環境についての描写である。グループ4の回答者は，「湿地」「水」「排水」などの言葉を多く発していた。

このように，酪農家の間に特徴が明瞭な4つのグループが形成されていることがわかったが，今回は，自分自身でお宅を訪問し，お話を伺ってきたので，各回答者の居住地も正確に地図にプロットできる。そこで，それぞれの

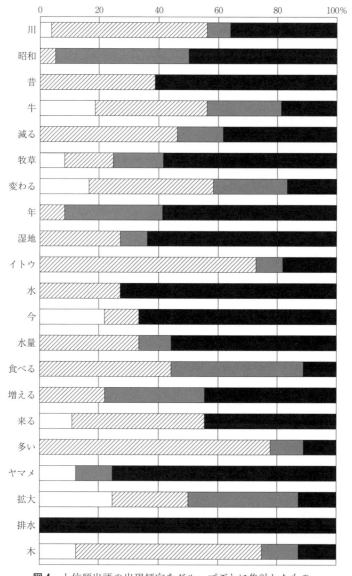

図4 上位頻出語の出現傾向をグループごとに集計したもの。
□グループ1 ▨グループ2 ▧グループ3 ■グループ4

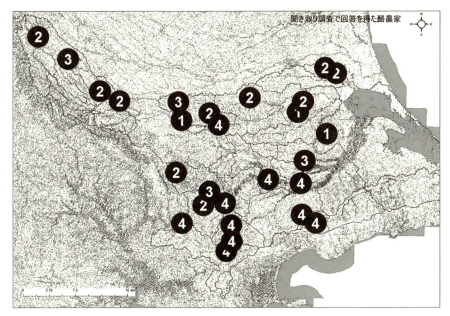

図5 クラスター分析によって類型化した4グループの流域内における配置。酪農家の話す頻出語をもとにクラスター分析を行い4つにグループ分けした。

グループの構成員が，流域内にはどのように配置されているかを見てみることにした。すると非常に興味深いことに，語彙の多いグループ2と4は，町の境界（別海町と浜中町の境界）とほぼ一致して分布を分けていることがわかった（図5）。すなわち，グループ2の回答者のほとんどが別海町，グループ4の回答者のほとんどが浜中町に居住していることが示されたのである。実は2つの町の境界は風蓮川本流である。風蓮川が地理的な境界にもなって，それぞれの町の自然観が独自に形成されたことを示している。

1.5 「見方が違う」ことを互いに知ることが第一歩

今回は，自由回答を記述した文章のなかから「頻出する単語」のみを抽出して特徴把握を行ったが，川の特徴を説明する単語が抜き出され，現地で聞

き取った内容ともそれほど乖離がなかったことから，単語のみでも，回答者の回答内容の特徴や自然認識を把握できる可能性が示された。特に，回答者の居住地と頻出語の対応関係が明瞭に示されたことは，地域住民の自然認識の空間スケールは，市町村から地区単位くらいの，意外に狭い範囲であることを如実に表している。風蓮湖流域全体で起こる環境問題，とくに今回のような水質悪化の問題は，負荷の供給源から影響を受ける流域の末端までの距離が長ければ長いほど，距離自体が地理的な障壁となって現象の客観的理解を阻む危険性があることを示唆している。また，これまでは上流と下流，という河川の縦断方向の差異に着目していたが，上流住民のなかでの差異も存在することが明らかとなったことから，「合意形成」と一口にいっても，そもそも価値観を形成する自然観，自然認識に多様性があることを住民も，行政も認識する必要があるといえる。

思い返してみれば，風蓮川は明治維新後の国郡制定時に，根室国（ねむろのくに）と釧路国（くしろのくに）を分ける境界となり，それが今の振興局の区分にも引き継がれている。現在もその名残があるが，風蓮川本流は広大な湿地，河畔林に囲まれ，陸路が限られた時代に地理的な障壁となっていたことは想像に難くない。また，風蓮川をはさみ北側の別海町の区域は，摩周・阿寒の火山堆積物に厚く覆われた火砕流台地によって特徴付けられ，水はけのよい立地条件は営農上のメリットとなっているが，風蓮川の南側，浜中町側の区域は，見た目は似たような平坦な台地ながら，火山性堆積物は急激に薄くなり，地表近くから泥炭が分布するなど，むしろその平坦さは水はけの悪い条件をつくり出し，住民をして「湿地改良で排水を入れてもすぐにダメになる」といわしめる環境であった。風蓮川は地理的な障壁としてだけでなく，酪農営農上の立地条件の違いももたらし，酪農家さんの語彙に影響を与えていたのである。

風蓮湖流域では，酪農家と漁業者の連携事例が生まれつつあるが，それでも身近な自然に関する知識までは，自らの生産現場を越えて拡大することが難しいともいえる。また，当地域では，漁業者が酪農家を批判するという構図が長らくあるが，漁業者から陸水域の自然環境について語られる言葉はほ

とんどなく，漁業者自身も，河川および陸域の自然環境がどのような状況になっていて，どのように変貌してきたかについて実感をもって語ることはできないことも示唆された。現在，「合意形成」というと，行政が事務局となって対策案を提示し理解を求めるという方式が一般的だが，住民の理解を得るためには，合意形成の「準備段階」も必要なのだということを述べておきたい。すなわち，居住地区や業種が異なれば，対象となる自然の見方や理解の程度も異なるということを最初から認識すべきであると考える。そしてそれは漠然と「多様な価値観」として括られるわけではなく，住民の生活・生産の場の自然環境（地形，気候，植生など）の差異との対応関係が強いことも今回の解析で明らかとなった。何より，陸水域をただ一様に「酪農地帯」と見るべきではないことがわかったことは収穫であると考える。合意形成は意見をまとめていく作業でもあるので，自然観が多様すぎることは懸念材料ともなるであろう。しかし，互いの違いを認識し，それぞれの価値観の背景にある歴史的な経過や立地環境といったものを尊重できるのであれば，それは合意形成に向けての大きな一歩になると考えられる。

2. 「住民の目から見た」風蓮湖流域の環境

2.1 住民に「地域の生物相」を尋ねる

第1節では，地域住民の自然認識を「直接聞き取る」方法によって把握することを試み，河口域（漁業者）と陸域（酪農家）の自然認識や自然環境に対する知識が異なること，さらには酪農家のなかでも居住地区が異なると自然認識が異なることを述べた。解析では，会話の印象などから恣意的，自己中心的に解釈しないよう，テキストマイニングという，ある意味機械的，無機的な方法を使用してみたが，聞き取った内容を語彙単位にまで分割してしまっても，話を聞いて回っていたときの「地域によって話すことがこんなに違うんだ」という実感を再現できたことは目論見通りというか，嬉しい発見でもあった。とはいえ，広大な風蓮湖流域のなかのわずか30戸ほどの農家からの聞き取り内容にどの程度普遍性があるのか懸念も残った。住民のナマの声

を聞くという聞き取り調査の魅力は捨てがたいが，限られた時間のなか，被験者数をある程度確保するには，やはりアンケート調査に分がある。そこで聞き取り調査の翌年，流域全域の酪農家へアンケートを配布し意識調査することにした。

　アンケートで尋ねる内容は，基本的に前年実施した聞き取り調査と同じで，①身近な生きものについての過去から現在までの変化，②子供の頃の自然体験で印象に残っていることなどで設問を構成したが，設問の最後に③流域の環境保全，についても問うことにした(図6)。

　アンケートのねらいとして，身近な生きものに対する回答からは，住民の自然環境に対する知識の質や量を把握することで，流域の自然環境や生物相をどのように捉えているか明らかにできると考えた。また，自然体験と生きもの知識の関連があるのかどうか，つまり，子供の頃の自然体験の有無や多寡が生きものに対する知識の質・量を左右しているのかどうかを検証したいと考えた。そして，聞き取り調査の結果に表われたように，風蓮湖流域の酪農家のなかで回答内容に地域性があるのかどうかを再確認したいと考えた。さらに，こうした自然環境に対する知識や経験が環境保全に対する意識にも影響しているのかどうかを明らかにしたいと考えた。

　住民からの情報提供による地域の生物相の復元は，近年保全生態学の分野などでもよく用いられ，手法としての有効性も認知されつつある。風蓮湖流域も，浜中町側の支流一部での河川生物調査の実施例(真山，1976)があるのみで，流域の生物調査についての報告が著しく少ないため，今回のアンケートは，流域生態系の特徴を類推する上でも有効な手段になるのではという期待も込めた。またすでに第1節において，酪農家と漁業者の自然観の違いは確認しており，この調査でのメインターゲットは酪農家に据えたが，別海漁協の厚意により，漁業者にもアンケートを配布したところ16名から回答を得たので，結果をここで同様に紹介したいと思う。

2.2　アンケートを配って歩く

　アンケート調査の対象範囲は，聞き取り調査と同様，風蓮湖流入河川流域

第5章　地域住民の環の再生　173

風蓮川流域の「自然環境」に関するアンケート

1　差し支えなければ，年齢，性別をご記入ください

年齢（　　　　　）　　性別　男・女

2　あなたの家がこの地域に最初に入植したのは何年頃ですか？

（明・大・昭・平）　　　　　年頃

3　あなたの家の近くの「生きもの」について教えてください
　もし場所がわかれば，添付した地図に●記号などで示してください。
　子供の頃に森や川でよくみた生きものは何ですか？　　いくつでもご記入ください。

　最近増えたと思う生きものは何ですか？

　最近減ったと思う生きものは何ですか？

4　あなたの家の近くの「自然」について教えてください
　森や川での体験で印象に残っていることは何ですか？

　身近な自然で「変わったな」と思うものは何ですか？

5　風蓮川流域の環境をまもるためには何が大事だと思いますか？
　次のうち大事だと思うものを○で囲ってください（複数選択可）
　　・行政の指導　　　　　　　　　　　・住民の意識向上
　　・行政などによる環境保全活動への補助　　・調査研究など科学的知見の蓄積
　　・その他（ご自由に記入ください）

図6　風蓮湖流域（別海町・浜中町の範囲）で配布したアンケート

に居住・営農する酪農家である。酪農家は，所属する農協ごとに，別海地区(JA 道東あさひ別海)，西春別地区(JA 道東あさひ西春別)，浜中地区(JA はまなか)の 3 地区に分けてアンケートを配布した(図7)。

　アンケートの配布・回収は，「訪問留め置き法」によって行った。これは調査員が対象者宅を訪問し，調査への協力を依頼してアンケート票を預け，後日，回収するという方法である。酪農家の多くは，午前の早い時間帯と夕方に搾乳の作業があり，日中のわずかな時間帯にしか在宅していないことが多い。前年の聞き取り調査でも，圃場や畜舎内には人の気配があっても，自宅には誰もいないという家が非常に多く，訪問労力に対し，回答を得る効率はあまりよくはなかった。しかし，訪問留め置き法であれば，訪問時に回答者が多忙もしくは不在であっても，回答者の時間の都合がつくときに回答してもらえる可能性がある。また，訪問面接法と異なり，調査員の技術的な習熟を必要としないため，配布，回収のスタッフを確保しやすいという事情もある。そこで今回，配布・回収にあたって，浜中町西円朱別地区で活動を行っている NPO 法人えんの森のスタッフにサポートしてもらうことにした。

　一番草(シーズン最初の牧草)の収穫が一段落ついた頃の 7 月下旬，えんの森のスタッフ 5 ないし 6 名が 3 班に分かれ，別海地区 50 戸，西春別地区 150 戸，浜中地区 150 戸の合計 350 戸の酪農家を回って歩き，アンケートを配布した。西春別地区の配布には筆者も同行した。道すがら，配布作業の印象を聞くと，彼らにとって，地元浜中の酪農家さんの家を回ることは「庭」を歩くようなものだが，境界を接していても，隣町となるとまったく勝手が違うらしい。趣旨を説明して用紙を置いてくるだけといっても，怪しい者と思われないか，受け取ってくれないのではないか，等々，スタッフにとって初めての作業はこわごわスタートしたようだった。

　配布後 2 週間経過した頃に随時回収作業を行った。配布から回収までの期間は 2015 年 7 月 20 日～8 月 20 日の概ね 1 か月間，2 番草の収穫までの間に何とか作業を終えることができた。

図7 アンケート配布農家位置図(2015年調査)。地図の中ほどの空白地帯は自衛隊矢臼別演習場の区域にあたる。

2.3 アンケートに回答してくれた方の特徴

　アンケートの各地区回収率は20～40％で，全体としては32％の回収率を得た（表2）。回答者数では浜中地区が多く，55名と人数に若干偏りが生じた。男女比は男性のほうが圧倒的に多かったため，のちに述べる統計的な解析では性別は扱わないこととした。

　回答者の一家がいつ入植したかを尋ねたところ，地区によって特徴があり，西春別地区では終戦後から昭和30年代初頭までに入植した，いわゆる戦後入植者の割合が，浜中地区ではこれに加え戦前からの入植者の割合が高かった。また，国家事業でもあった「新酪農村」の時期に入植したという回答者は，別海地区・西春別地区の回答者にのみ見られ，浜中地区ではいなかった。地域による入植時期の違いは，各自治体や北海道，国などによる酪農開発事業が実施された時期を反映している。聞き取り調査でも入植時期の違いと牧草地の規模，集落の形成状況の違いに気づいたが，アンケートの回収状況から

表2　アンケート配布および回収状況

地区名	配布数	回答者合計	回収率	性別			回答者の一家の入植年代					
				男	女	未記入	戦前	戦後	パイロットファーム	新酪農村	新規就農	不明
別　海	50	20	40％	16	2	2	6	4	3	3	2	2
西春別	150	36	24％	25	9	2	0	26	2	2	2	4
浜　中	150	55	37％	50	4	1	27	14	1	0	6	7
酪農家計	350	111	32％	91	15	5	33	44	6	5	10	13
別海漁協（参考）	－	16	－	12	4	0	7	6	1	0	0	2

酪農家への配布方法は訪問留め置き法による。
別海漁協実施分は，漁協の会合の場での配布，回収（会場アンケート法）による。

表3　入植時期の年代分類の考え方（村上，2013などの報告を参考に作成）

入植年	再分類カテゴリ
終戦以前	戦前
終戦後～昭和32年	戦後入植
昭和32～40年	パイロットファーム
昭和48～58年	新酪農村
それ以降	新規就農

第 5 章　地域住民の環の再生　177

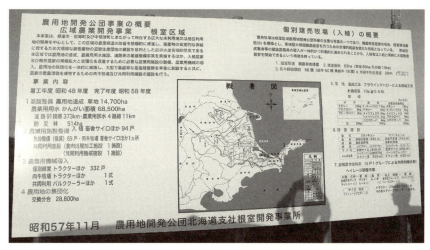

写真 3　別海町の酪農展望台の麓に設置されている「新酪農村」建設事業の概要を説明した看板

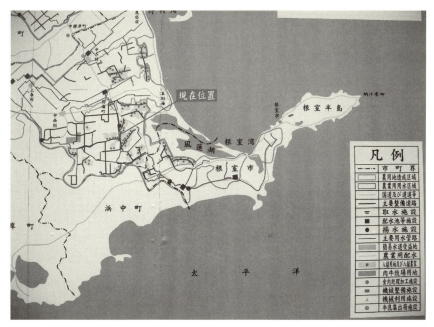

写真 4　写真 3 の拡大。風蓮川流域の下流域にあたる区域が，新酪事業による入植者の主な受け入れ先となった。アンケートの「別海地区」がそれにあたる。

写真5 酪農展望台から見る風景。圃場一筆の規模が大きく，隣家までの距離も長い。

も地区ごとの違いが読み取れたことは興味深い結果であった。特に，別海町という同じ自治体のなかにありながら，風蓮川上流域に位置する西春別地区と，風蓮川下流域に位置する別海地区の地理的特性は異なっており，農村景観の違いにも反映されていると考えられた。それは一緒にアンケートを配布して回った浜中町の酪農家，えんの森スタッフの感想にも現れている。つまり，彼ら曰く「西春別は家と家の距離が近いよね」，「(西春別は)圃場の規模が大きくなくてこぢんまりしているけど，空き家があんまりないから，この規模でずっと維持できているんだね」，「新酪の町(別海地区)は車で30分も走らないと隣の家に行けないな」「(家どうしの距離が遠すぎて)集落って感じがあまりしないね」。この印象の違いは，終戦で引き揚げてきた人々によって形成された集落と，国家事業として形成された集落の違いがあり，また，流域の源頭部と下流域という地形的・地理的な違い(村上，2013)に起因しているのだろう。

　回答者の年齢構成を見てみると，別海地区，西春別地区の回答者は50〜60代が多いながらも各年代それぞれから回答を得ることができたが，浜中

地区の回答者が50代，60代に集中したため，全体として50〜60代の回答者数にピークをもつ一山型の分布になった(図8)。50〜60代は，酪農の現役世代であると同時に，比較的「昔のこと」も知っている世代ということで，アンケートに積極的に協力してくれた現れといえるが，聞き取り調査で貴重な情報を得た70代以上の回答者数が少なくなったことがやや残念であった。これは，アンケート用紙への記入という作業が，70代，80代といった高齢の住民に負担だった可能性もあると考えられ，高齢者から情報収集したいときには留意すべき点と考えられた。また，回答内容と年齢との対応関係につ

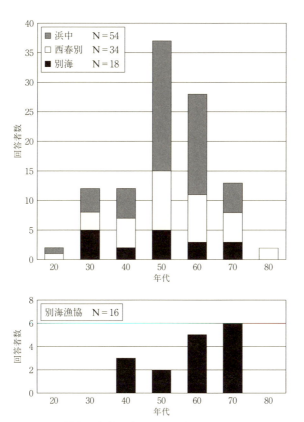

図8 アンケート回答者の年齢分布。上図：酪農家3地区，下図：別海漁協

いても，回答者の年齢構成が50〜60代に集中したため，解析では年齢も扱わないことにした。なお参考までに別海漁協の年齢分布も示した。70代の回答者もいるが，現役の漁師とのことである。

2.4 「生きもの知識」の今昔
(1) どんな生きものが回答された？
では，風蓮湖流域の住民が「昔よくみた生きもの」は何だろうか。図9に上位15種のランキングを示した。最も多く回答された生きものは「ウサギ（エゾユキウサギ）」で，突出して多かった。今，野山でウサギを見かけることは森林調査を仕事としている人間（筆者）でもほとんどない。しかしこれだけ多くの人が「ウサギ」と回答するということは，かつては非常に身近な，誰

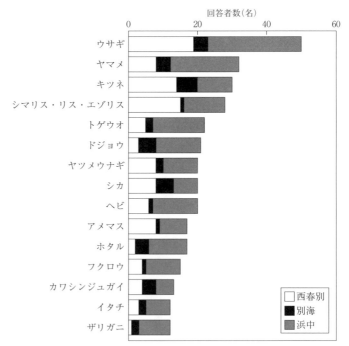

図9 「昔よく見た生きもの」として回答された上位15種。回答数が1人のものも含め，全体で70種の生きものが回答された。

でも目にする生きものだったことを示している。最初はその理由がわからず狐につままれたような気持ちで回答内容の入力作業をしていたが，地元の50代の男性に直接聞いてみると，あっさりと答えが返ってきた。「戦後に結構木を伐ってたから，俺らが子供の頃は新しい造林地が多かったのさ。そういうところにウサギがたくさんいた。針金でつくったワナで結構簡単にとれて，しかも換金できたから，小学校，中学校を卒業するくらいまでは小遣い稼ぎにやってるヤツが多かったよ」。なるほど，植栽木を食害するウサギは林業害獣として駆除対象だったのだ。つまり，野山にいる姿を見るというより，狩猟や駆除によってとられたウサギを目にする機会が多かったのだろう。次いでヤマメ，キツネ，リス，トゲウオ，ヤツメウナギ(スナヤツメもしくはシベリアヤツメと思われる)の順で，1人でも回答者がいるものを入れると，全部で70種の生きもの，陸上動物，水生生物ほぼ同程度回答された。

「最近増えたと思う生きもの」として最も多く回答されたのは「シカ(エゾシカ)」で圧倒的に多かった。次いでクマ(ヒグマ)，キツネ(キタキツネ)，カラス，ツル(タンチョウヅル)が続き，これら5種で回答の大半を占めた(図10)。

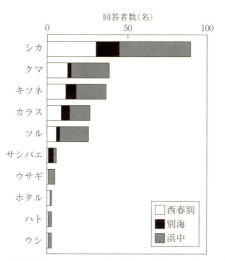

図10 「最近増えたと思う生きもの」として回答された上位10種。全体で29種回答された。

回答された生きものの合計種数は29種であった。「最近減ったと思う生きもの」として最も多く回答された生きものは「ウサギ（エゾユキウサギ）」で突出して多く，「子供の頃によく見た生きもの」の裏返しになった（図11）。次いでリス・シマリス，ヘビ，ホタル，クワガタが続き，合計種数は55種となった。

「子供の頃によく見た生きもの」の上位に川の生きものが多く回答された結果と比べると，「最近増えた」あるいは「最近減った」と思う生きもののなかに川の生きものは上位には位置付けられず，かろうじて水辺の生きものとしてホタルが挙げられているという状況であった。実は，川の生きものに関しては，多くの住民が川の水質悪化を認知しているため「減ったと思う」と回答される種が多いことを予想していた。しかしアンケート結果からは，「実際のところよくわからない」という住民の意識が読み取れる。おそらく，何らかの理由で川に行く機会がなくなっていることを示していると考えられる。

酪農家による以上の「生きもの知識の今昔」は，回答種数や，後述するように地域によって種の組み合わせなどに特徴は見られるものの，上位種につ

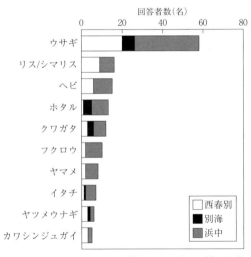

図11　「最近減ったと思う生きもの」として回答された上位10種。全体で55種回答された。

第5章 地域住民の環の再生　　183

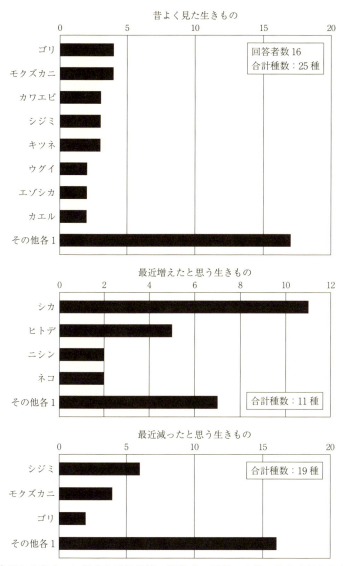

図12 身近な生きものに関する別海漁協の漁業者の回答。上段：昔よく見た生きもの，中段：最近増えたと思う生きもの，下段：最近減ったと思う生きもの。

184

いては３地区ほぼ共通の回答を得た。これに対し，漁業者の回答内容はやはり風蓮湖の生きものが主体となっている（図12）。ただし「最近増えた」生きものは，酪農家（陸域）の回答と同じく「シカ」が突出して一位となっており，北海道（特に道東域）におけるエゾシカの個体数増加をあらためて浮き彫りにしている。

(2)生きもの知識に地域性はあるか

　聞き取り調査では，漁業者と酪農家（上下流）の違いだけでなく，酪農家の間でも居住地域が異なると自然を語る言葉にも違いがあることが明らかになった。アンケート調査の結果からもその傾向は見られるだろうか。

　生きものの知識を尋ねる設問では，①（回答者にとって）昔よく見た生きもの，②最近増えたと思う生きもの，③最近減ったと思う生きもの，の３つについて，それぞれ何種類回答してもよいことにした。そこで①，②，③それぞれについて，回答された生きものの種類をすべてリストアップし，例えば回答者Ａが「見た」と回答した種については「1」を，回答していない種（意識下，記憶にない種）に「0」を与えて集計表を作成すると，ちょうど生物群集の多変量解析を行うときのデータシートと同じようなものができる。これをもとに，回答者間の「生きもの知識」の類似度をクラスター分析（ward法）によって算出し，全回答者をいくつかのグループに類型化してみることにした。回答者のグループ分けができたら，各回答者に割りあてられたグループと，回答者の居住地区（別海・西春別・浜中）との対応関係を対応分析（CA：Correspondence Analysis）によって調べることにした。

　「昔よく見た生きもの」の回答内容から，回答者は６つのグループに類型化でき，それぞれのグループを特徴づける生きものの組み合わせが浮かび上がってきた（表4）。すなわちグループ１は「無回答」で特徴付けられ，生きものを１種類も挙げていない回答者によって構成されるグループ，グループ２は回答内容に「ウサギ」を含まない，グループ３はアメマスとヤマメを同数程度回答，グループ４はドジョウ，トゲウオといった，アメマス以外の川魚を中心に回答，グループ５はウサギが突出（ウサギ以外の生きものの回答数が少

第5章 地域住民の環の再生 185

表4 「昔よく見た生きもの」の回答内容が似たもの同士のクラスター（6分類）の特徴と回
答内訳。クラスター1は，「無回答」によって特徴づけられるグループだったため，回
答内容がない。

グループ番号	「昔よく見た生きもの」の回答から 分けられたグループの特徴	回答上位種の組み合わせ
グループ1	・「無回答」の回答者グループ	な　し
グループ2	・回答に「ウサギ」が含まれない ・細流（小支流）で見られる生きもの主体	・ザリガニ ・ヤツメウナギ ・ヤマメ ・トゲウオ ・ホタル
グループ3	・「アメマス」と「ヤマメ」をセットで回答	・アメマス ・ヤマメ ・ウサギ ・キツネ ・シカ
グループ4	・アメマス以外の川の生きものを数多く回答	・ドジョウ ・トゲウオ ・ヤマメ ・ウサギ ・ヤツメウナギ
グループ5	・「ウサギ」主体に回答	・ウサギ ・シマリス ・フクロウ ・ホタル ・ヘビ
グループ6	・陸上動物を主体に回答	・キツネ ・シカ ・ウサギ ・ヘビ ・イタチ

ない），グループ6はキツネやシカなど，陸上動物を主体に回答したグルー
プ，などである。前述の通り，回答者全体で見れば「昔よく見た生きもの」
には「ウサギ」が突出して多く回答されていたが，クラスター分析によって，
回答者が語る「生きものの組み合わせ」の特徴がすっきりとグループ化でき
た。

ではこれらのグループと回答者の居住地区には対応があったのだろうか。図13の見方は，回答者の居住地区を表す◇のプロットの近くに生きもの知識の似ている何らかのグループ(▲)がプロットされていた場合，両者の対応関係が強い，密接である，と判断する。

まず3つの地区がそれぞれ別々の象限にプロットされたことで，回答者がもつ生きもの知識の内容，すなわち「記憶に残る生きものの組み合わせが地区ごとに異なる」ことが示された。別海地区はグループ2との対応関係が認められた。すなわち，別海地区の回答者は，ザリガニ(ニホンザリガニ)やヤツメウナギなど，小さな沢に生息する生きものを中心に回答し，ウサギへの認識がない(少ない)という特徴が見られた。また，西春別地区はグループ3(アメマスとヤマメをセット回答したグループ)と，浜中地区はグループ4(アメマス以外の川の生きものを回答したグループ)との対応関係がそれぞれ見られた。全体で

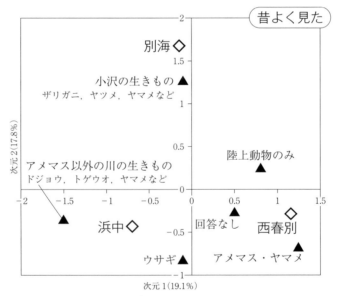

図13　「昔よく見た生きもの」の回答内容と回答者の居住地との対応関係。
　◇：回答者の居住地，▲：回答された種の組み合わせの似ているグループ（表4参照）。近くにプロットされたものは対応関係が強いことを表している。

トップ回答されていた「ウサギ」は浜中と西春別の中間に配置されたことから，地域的な特徴を表す生きものというよりは，普遍的に「昔よく見た」と認識されていることを反映したと考えられた。

　面白いことは，それぞれの地域を特徴づけた生きもののグループが，それぞれ「水辺の生きもの」で構成されていたことである。この結果で見える地域の特性とは，身近な川のサイズの違いを現しているようだ。つまり，遊びや釣りに行ったことのある川が，アメマスやヤマメを釣ることができるような規模の川なのか，あるいはドジョウやトゲウオが間近で見られるようなもう少し小さな川なのか，あるいはもっと小さな細流なのかどうか，といった地形特性を現しているといえる。これらの結果は，回答者にとって，水辺の生きものが親しみのある存在であったことを表しているが，ひとつ注意しなければならない点がある。それは，彼らが回答し，イメージする水辺の生きものは，風蓮川本流で見たものではなく，風蓮川の支流やさらにその支流といった，「家の近く」に流れている川で見たものであるということだ。アンケートの回答用紙にそう書かれているわけではないが，前年の聞き取り調査で，この地域の住民にとって「川に行く」こととは，家の近くを流れる支流や小沢に行くことであり，風蓮川に行くことではないことがわかっていた。実際，風蓮川本流の河畔は深い森と歩きづらい湿地に囲まれており，アクセスは橋からしかできない。釣り人の間では，風蓮川はイトウ釣りで知られた川だが，住民へのアンケート調査で「イトウ」がほとんど回答されていないことも，住民にとって風蓮川自体は，気軽に遊びに行くような場所ではなかったことを示しているといえる。

(3)地域性が失われ，「生きもの知識」が均質化する？

　同じようにして，「最近増えたと思う生きもの」の回答内容をクラスター分析したところ，6つのグループに分けられた(表5)。「最近増えたと思う生きもの」では，「シカ」の回答数が圧倒的に多かったため，グループ分けもシカの影響が強く出た。グループ1のみが「シカ」を回答しなかったグループとなり，残りのグループではすべてシカが含まれ，シカ主体(グループ2)，

表5 「最近増えたと思う生きもの」の回答内容が似たもの同士のクラスター(6分類)の特徴と回答内訳

グループ番号	「最近増えたと思う生きもの」グループの特徴	回答上位種の組み合わせ
グループ1	・回答に「シカ」が含まれていない ・「わからない」と回答している人を含む	・カラス ・ツル ・クマ ・アメマス ・わからない
グループ2	・「シカ」を主体に回答	・シカ ・サシバエ
グループ3	・「シカ」と「カラス」のセット	・シカ ・カラス
グループ4	・「シカ」と「クマ」のセット	・シカ ・クマ
グループ5	・「シカ」と「ツル」のセット	・シカ ・ツル
グループ6	・「シカ」と「キツネ」のセット	・キツネ ・シカ

シカとカラス(グループ3)，シカとクマ(グループ4)，シカとツル(グループ5)，シカとキツネ(グループ6)の組み合わせによって特徴付けられた。

　これらのグループ分けと回答者の居住地区との対応関係を見てみたが，グループ分けと回答者の属性(居住地区)とのプロットが離れており，結果として，「昔よく見た生きもの」で見られたような地域性を見出すことは難しいと思われた(図14)。あえて対応を考察するならば，浜中地区とグループ5(シカとツル)の対応である。浜中町側の草地は，牧草地内の水はけが悪く湿地化した場所や，湿地化したため耕作放棄された河畔湿地などでタンチョウヅルが営巣することがしばしば観察されており，地域住民にとっては身近な生きものになりつつある。筆者は，別海地区や西春別地区の牧草地でもタンチョウヅルを確認しているが，地区との対応関係が示されるほどには住民に「増えた」と認識されていないのだろう。

　「最近減ったと思う生きもの」についてはどうだろうか。回答内容の組み合わせは同様に6つのクラスターに分けられ，こちらは「ウサギ」の影響を

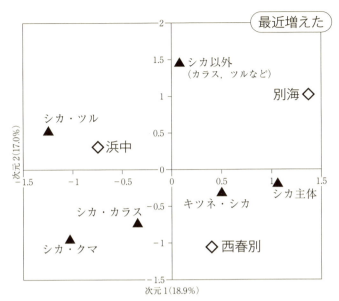

図14　「最近増えたと思う生きもの」の回答内容と回答者の居住地との対応関係。
◇：回答者の居住地，▲：回答された種の組み合わせの似ているグループ（表5参照）。
近くにプロットされたものは対応関係が強いことを表している。

強く受ける結果となった（表6）。図15にこれまで同様，対応分析の結果を示した。別海，西春別地区の回答者とグループ分けの対応関係はそれほど明瞭ではなかったが，あえていえば，別海地区は「無回答」グループと対応が，西春別地区は，グループ4（ウサギ・ホタルをセット回答したグループ）の対角線に配置されたことから，逆に，ウサギ・ホタルを「セット回答していない」という特徴があると読み取れる。また，浜中地区の住民はグループ2（ウサギのみ回答したグループ）との対応関係があった。いずれにしても，「最近増えた」「最近減った」の特徴として，それぞれ地域差が薄れ，前者は「シカの増加」，後者は「ウサギの減少」という認識が強く支配していることが挙げられる。

　「昔よく見た生きもの」の回答内容では，地域ごとに回答されやすい種が異なり，地域特性を分けるのに水辺の生きものがポイントになっていた。住民の記憶には，具体的な生きものの姿や種名が残っているにもかかわらず，

写真6 早春，いち早く牧草地に現れ，牧草の芽生えを食むエゾシカ

表6 「最近減ったと思う生きもの」の回答内容が似たもの同士のクラスター（6分類）の特徴と回答内訳。クラスター1は，「無回答」によって特徴づけられるグループだったため，回答内容がない。

グループ番号	「最近減ったと思う生きもの」グループの特徴	回答上位種の組み合わせ
グループ1	・「無回答」の回答者グループ	な　し
グループ2	・「ウサギ」のみ回答	・ウサギのみ
グループ3	・回答に「ウサギ」を含まない ・水辺の生きもの主体	・ヤマメ ・クワガタ ・ヤツメウナギ ・ヘビ ・カワシンジュガイ
グループ4	・「ウサギ」と「ホタル」のセット	・ウサギ ・ホタル
グループ5	・「ウサギ」と「ヘビ」のセット	・ウサギ ・ヘビ
グループ6	・「ウサギ」と「リス」と「フクロウ」のセット	・ウサギ ・リス／シマリス ・フクロウ

第 5 章　地域住民の環の再生　191

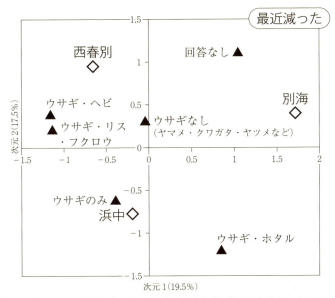

図 15　「最近減ったと思う生きもの」の回答内容と回答者の居住地との対応関係．
◇：回答者の居住地，▲：回答された種の組み合わせの似ているグループ（表 6 参照）．
近くにプロットされたものは対応関係が強いことを表している．

「最近減ったと思う生きもの」については，「ウサギ」以外の生きもの，特に水辺の生きものに関しては「昔よく見た生きもの」の結果ほど回答が得られず，住民にも，減ったとも，増えたともいえない，現状どうなっているかよくわからない状況のようだ．要因としてはふたつ考えられる．まず①大人になってから（あるいは高齢になってから）は川に行かなくなったので状況がよくわからない，②昭和 30～50 年頃までは，牧草地を河畔に拡大し続けた時代で，川へのアクセスがよかったが，その後河畔の低湿地は放棄され，管理しなくなったため川へのアクセスが悪くなり，行くことがなくなった，である．これらはいずれも聞き取り調査のときに得た情報だが，生きもの知識の結果も，時代や年齢とともに住民の川との接し方が変化したことを表していると思われた．さらに，酪農経営の規模拡大にともなう労働量，労働時間の増大も，身近な自然，特に水辺と接する機会を減少させている可能性がある．これに

対し，陸上動物がよく回答されていたことは，川と異なり，「遊びに行く」場所の生きものではなく，自宅や圃場など，生活圏の範囲内で目にできる生きものであることの現れであろう。

2.5　自然体験は生きものの知識を反映しているか

住民の印象に残っている自然体験を自由回答してもらったところ，酪農家に関しては，表7のように5つのカテゴリー（①川遊び・釣り，②山菜とり・木の実採り・キノコ採り，③その他（珍しい生きものを見たなど），④①〜③を2つ以上複数回答，⑤無回答）に整理することができた。それにしたがって地区ごとに集計してみると，西春別地区と浜中地区に大きな違いは見られなかったが，別海地区では川遊び・釣り以外の回答者はすべて「無回答」であり，自然体験を問われても，すぐに思い浮かばない回答者の割合が多いことが示唆された（図16）。なお別海漁協の回答結果も同様に示すが，ここでも内容の傾向は上流住民（酪農家）と大きく異なり，無回答の割合が高く，記載された回答内容では風蓮湖での体験や記憶が主であった（図17）。上流住民と河口域住民の自然認識の違いは，こうした自然体験や自然から得た記憶，印象の違いにもよることを改めて示している。

では，住民の「自然体験」と前項までで述べた「生きものの知識」には関係があるのだろうか。ここでは，地域による特徴が現れていた「昔よく見た生きもの」のデータを使い，生きものの組み合わせのグループ分けに加え，1人あたりの回答数（種数）を，各回答者の属性として用いることにした。つまり，前述のグループ分けを「知識の質」とすると，回答数は「知識の量」

表7　自然体験に関する回答内容の類型化

No.	具体的な内容	類型化後のコード名
①	川遊び・釣り	川遊び・釣り
②	山菜・木の実・キノコ採り	山菜採集
③	その他	その他
④	①〜③を複数回答	複数回答
⑤	無回答	無回答

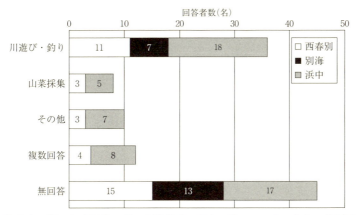

図16 酪農家に聞いた「子供の頃の自然体験で印象に残っていること」の地区別集計。複数回答とは，川遊び・釣りや山菜採集，あるいはその他など，複数の類型を挙げて回答しているもの。類型は表7に拠っている。

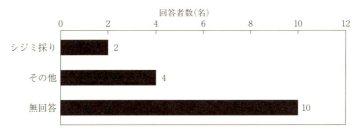

図17 別海漁協の漁業者に聞いた「子供の頃の自然体験で印象に残っていること」。回答内容が酪農家とまったく重ならなかったため，表7の類型は使用していない。「その他」の内容は，カレイ釣りや大漁など，シジミ採りと同様，風蓮湖での体験に基づくもの。

を表す要素ということができる。住民1人が回答した種数の平均値は4種だったため，次の4つのランクを設定した。それぞれZ：ゼロ(回答なし)，Ⅰ：1〜5(平均)，Ⅱ：6〜10(中程度)，Ⅲ：11〜20(多い)，である。これに回答者の居住地区(別海・西春別・浜中)を加え，多重対応分析(MCA：Multiple Correspondence Analysis)という方法で解析を行ってみた。

その結果，自然体験を複数回答している住民は，知識量が多く，その内容

としてアメマスとヤマメをセットで回答しているグループに属することが非常に明瞭に示された(図18)。あたりまえの結果かもしれないが，要するに，活動エリアが水(川)・陸(森や野原など)両方にまたがっている人は，知っている生きものの種類も多い，ということを如実に表しているといえる。知識量が中程度という属性もほぼ同じ場所にプロットされたことから，自然体験のバリエーションが豊富な人は，1人あたりの回答種数が6つ以上になる傾向にあるということもわかった。また，知識量が平均的なクラスの住民は，陸上動物のみを回答する傾向があった。このことは，住民の生きもの知識はまず陸上動物でベースがつくられ，そこに知識の上乗せがあるかどうかは，水辺の生きものをどの程度知っているかによることを示している。そして，水

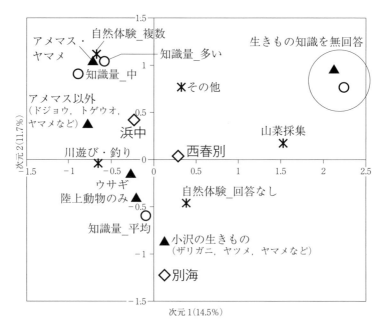

図18 地域住民の「生きものの知識量」，「生きもの知識の内容」，「自然体験」と居住地区との対応関係。生きものの知識については「昔よく見た生きもの」のデータを使用した。◇：回答者の居住地，○：回答者1人あたりが回答した生きものの種数の多寡，▲：回答された種の組み合わせの似ているグループ(表4参照)，＊：自然体験。近くにプロットされたものは対応関係が強いことを表している。

辺の生きものの知識は，当然のことながら，川遊びや釣りの経験によって培われたものといえる。この解析では，各属性と居住地区の対応はそれほど明瞭ではなかったが，別海地区は，西春別や浜中地区と異なる性質があることを示しており，それは自然体験を「無回答」とした回答者の割合が高かったことに起因すると考えられた。

2.6 風蓮湖流域の環境保全に対する住民意識

アンケートの最後に「風蓮川流域の環境をまもるためには何が大事だと思いますか」という問いを設定した。実は聞き取り調査では，なかなか酪農家さんに面と向かって聞けなかった質問でもあった。複数回答としたため，過半数の回答者がふたつ以上の選択肢を選んだが，全体を集計すると，ここにも地域ごとの意識の違いがあるようだ（図19）。

3地区に共通していたのは「住民の意識向上」が高い割合を示したことで

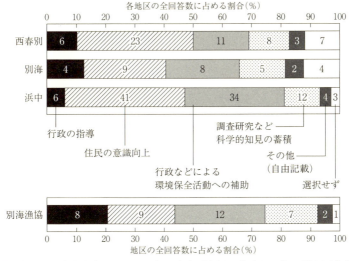

図19 「風蓮川の環境をまもるためには何が大事だと思いますか？」に対し回答者が選んだ選択肢の集計。複数回答可としたため，全回答数に対する各選択肢の割合を地区ごとに示した。全回答数はそれぞれ，西春別：58，別海：32，浜中：100，別海漁協：39，である。

ある。これは酪農家自らが，水質保全に留意すべきという意識の表れとも考えられるが，自由記載の内容から，山林や河畔でのゴミ放置を指摘する内容の回答も散見され，「環境保全」について，日常生活全般のモラル向上を意図しての選択だった可能性もある。いずれかを峻別できない選択肢を示したことは設問の不備だったと感じた。例えば，今後同様の調査をする際は，「意識」の内容に踏み込んだ選択肢（ゴミを放置しない，川に排水を直接流さない，など）を設定するなど，留意すべき点だろう。一方，地域特性が如実に表れたのは，「行政などによる環境保全活動への補助」で，別海や西春別地区の住民に比べ，浜中町住民が選択する傾向が明らかにあった。全選択数に占める割合は34％ほどだが，浜中地区の回答者全体の6割が選択していた。別海地区で4割，西春別地区では3割程度の選択であったことを考えると明らかに多く，自治体としての特徴を表していると考えざるを得ない。なお，別海漁協の結果を見ると，これはこれで酪農家の回答傾向と若干異なっており，酪農家の回答が「住民の意識向上」と「環境保全活動への補助」に集中するのに比べると，「行政の指導」「調査研究など科学的知見の蓄積」の割合が増えていた。シジミの休漁以降，風蓮湖の水質改善を望み，自治体や研究機関による取り組みの経過を見守ってきた漁業者の意識が反映されているのだろう。

　単純な集計の段階ですでに地域性が窺えたが，自然体験の有無や多寡が環境保全に対する意識に影響するのかどうかについても確認したいと考え，ここでも同様に，各回答者が選択した「環境保全のために大事だと思うこと」の選択肢と，自然体験，そして回答者の居住地区の対応関係を解析してみた。

　結果，自然体験の有無や内容は，環境保全に対する意識にはあまり影響を及ぼしておらず，それよりも，回答者の居住地区と強い対応関係があることを示していた（図20）。つまり，「住民の意識向上」「保全活動への補助」を選択した回答者と，浜中地区の住民との対応関係が強く見出された。このふたつの選択肢が浜中地区とほぼ同じ場所にプロットされているということは，浜中地区の住民がこのふたつの選択肢をセットで選んでいることを表している。前述の通り，「住民の意識向上」は3地区に共通して選択されているが，

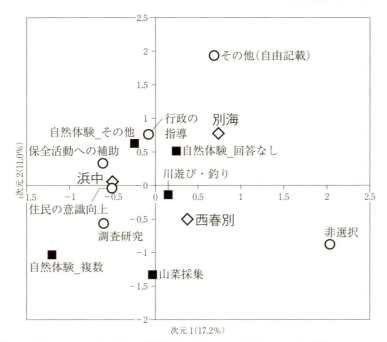

図 20 地域住民の「自然体験」,「環境保全意識」と居住地区との対応関係。◇：回答者の居住地,■：自然体験,○：環境保全のために大事だと思うこと。近くにプロットされたものは対応関係が強いことを表している。

それに加え「保全活動への補助」も選んでいるかどうかが分かれ目となった。自治体の違いによる意識の違いは何に起因するのだろうか。

浜中町には，霧多布地区を中心に，環境保全活動を展開している NPO 法人が数団体存在する。それぞれ，湿原の保全，シマフクロウの保護・保全，海鳥の保全，町の水源(風蓮川支流三郎川)の環境維持・保全などに取り組んでいる。さらに，JA はまなかや浜中町役場などを中心に「緑の回廊事業」を展開し，拡大しつくした牧草地の一部を緩衝林帯として提供，登録するという取り組みも行っている。浜中地区の住民たちに「保全活動への補助」が選択されたのは，こうした地域発の活動が住民に浸透していることを反映したためと考えられる。

しかし，第1章で触れたように，別海町内にも環境保全の取り組みを進めている団体（虹別コロカムイの会や風蓮湖流入河川連絡協議会）がある。アンケート結果に現れた両地区の違いを「こうだ」と断言することは難しいが，考え得る要因として，別海町で長い歴史をもつ団体（虹別コロカムイの会）の主な活動フィールドは「隣の」西別川流域であるため，そうした住民主体の活動が風蓮湖流域の住民には認知されていない可能性があること，「緑の回廊事業」のように，農協や役場といった自治体の中核をなす組織が環境保全をポリシーとして掲げているかどうかが住民意識に大きく作用する可能性があること，の2点を挙げておく。

2.7 知識は体験によって，保全意識は社会によって育まれる

この調査で，風蓮湖流域の100戸を超える酪農家からアンケートを通じて貴重な知見を提供していただいた。この地域にはまだ，戦後入植初代がご存命で，大規模な酪農開発事業が始まる前の，混沌とした開拓期の記憶を伺うことも可能だ。しかしそれからわずか半世紀の間に地域は大きく変貌することになる。その経過については次節で述べていくが，この地域の酪農家は，そうした変動のなかで地域社会を作りあげてきた。

アンケートから窺えるのは，子供の頃ないし若い頃の野山や川での体験は，住民の記憶にしっかりと残っているということだ。回答を読んでいくと，回答者が過ごした野山や川の情景が映し出され，大自然のなかで過ごした彼らの生活が浮かび上がってくる。しかし本当に残念なことに，現在ほとんどの住民は川を訪れていない。今回の解析で明らかになったことのひとつが，住民の生きもの知識を増幅させる鍵が水辺での自然体験にある，ということだ。水辺域（あるいは河畔域）は，生態学的にも，地域の生物多様性保全上，鍵となる区域だとされているが，人々の暮らしのなかでも，同じように重要な場所だということがあらためて認識された。

一方，筆者の目論見とは異なり，環境保全に対する意識に自然体験の有無や豊富さはあまり影響していなかった。つまり，生きものをたくさん知っていることや自然体験があることと，「その自然を保全しよう」という意識と

は，直接的には結び付いていなかった。つまり，地域の自然環境を保全しようという意識を高めるには，知識や体験だけでは不十分で，そこに「なぜ保全するのか」「どう保全するのか」といった別の知識軸が必要なのだということを実感させられた。今回の場合は，別の知識軸を住民に提供していたのは，自治体や農協，地元のNPO団体などによる活動であるといえる。別海や西春別の住民は，意識が低いのではなく，別の知識軸を得る機会がなく，「住民による環境保全活動」という発想がそもそも生まれてこなかったのだろう。住民の自然認識や生きもの知識に地域性が認められたように，社会背景も地域性があることを踏まえると，浜中町の事例のように，地域にNPOなどの活動の核を担うグループが存在し，地域を中心に活動を行っていくことが，住民の意識を高めることに対し最も効果的ではないかと考える。

3. 風蓮湖流域の変遷と人々の暮らし

3.1 あらためて，風蓮湖流域の農業・漁業を概観する

風蓮湖流域で実施した聞き取り調査から，まず漁師さんと酪農家さんとでは，森，川，海（風蓮湖）に対する認識の違いが明瞭に浮き彫りになった。さらに，酪農家さんの間でも，集落単位で自然認識に特徴があることがわかった。これはそれぞれの住んでいる場所の立地，地形的な特徴や川（風蓮川の何処かの支流）との位置関係などが反映された結果といえる。聞き取り調査の翌年には，酪農家さんを中心に，より多くの地域住民の自然認識を探ろうとアンケート調査を実施したが，こちらでは，住民にとって「昔よく見た生きもの」に関しては，聞き取り調査と同様，集落単位で特徴が見られたが，「減ったと思う生きもの」や「増えたと思う生きもの」など，身近な生き物の，「最近の生息動向」についての回答には地域性が見られなくなり，回答傾向が均質になっていることがわかった。つまり，子供の頃や若い頃に見た生き物の印象から浮かび上がる「生態系」には地域性が認められたが，ごく最近の印象にはそれが認められなくなり，特に川の生き物に関しては，住民の意識や関心の外に置かれてしまっているということがわかった。

地域住民にとっての「昔」とは，もちろん回答者が何歳かによって，どの時代のことを指しているのか異なってくるが，聞き取り調査での回答者は50歳代以降80歳代までの住民，アンケート調査では50～60歳代の住民がメインであることを踏まえ，物心がつく年頃を10歳以降と仮定すると，彼らにとっての「昔」とは，おおよそ40～70年前，すなわちちょうど終戦（1945年）～1970年代と見積もることができる。では，終戦以降，風蓮湖流域における産業や土地利用は実際にどのように変貌したのだろうか。

図21は風蓮湖集水域の農用地面積，河畔緩衝帯面積を空中写真判読により把握し，終戦以降の推移を示したものである。ここでの「河畔緩衝帯」とは，川の両岸100mずつ，合計200mの範囲を取り出し，そのなかの森林と湿地の面積を求めたものである。この地域の「農地」はほぼ牧草地と見なすことができ，その面積は1950～80年代までの間に一気に拡大した。1980～2000年への推移が横ばい気味になっていることからもわかるように，現在の土地利用はほぼ80年代までに確定し，流域全体の46%強が農地として開拓が進んだ。一方，河畔緩衝帯面積は，1960年代までは農地面積より広かったが，70年代，両者は交差し，この地域の土地利用は農地がほかを凌駕していくことになる。

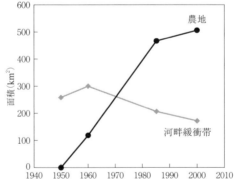

図21 風蓮湖流域における農地・河畔緩衝帯面積の推移（第6回自然環境基礎調査ならびに平成10年度環境庁委託業務結果報告書「風蓮湖およびその周辺地域における特定流域環境保全対策調査」より）。

ただし，農地が大幅に増加したのに比べると，緩衝帯の減少の度合いがそれほど大きくないこともわかる。これは，特に風蓮川本流の河畔に低湿地が多く分布し，地下水位が高いために川のそばまで農地開発することが難しかったことや，火砕流台地を主体とする広大な丘陵地で十分な広さの牧草地を確保できたことも背景としてある。河畔の森林が残存した代わりに，丘陵地の森林は大きく減少し，風蓮湖流域では，国内の一般的な土地利用で見られるような，水源林にあたる上流域の森林地帯というものは存在しない。

牧草地の拡大を背景に，乳用牛飼養頭数と生乳生産量も飛躍的に増加した（表8）。ここから1頭あたりの生乳生産量を算出してみると，これも増加傾向にあることがわかった。頭数が増えて乳量が増えただけでなく，1頭が出す乳量も増えた，つまり，1頭でより多くの生乳生産をあげられるように飼育方法も変化してきたことを示している。風蓮湖流域だけを抽出したデータから図を作成してみると，その傾向が明瞭に読み取れる（図22）。また，土地利用の推移と見比べてみると，牧草地の拡大がまず先に進み，それに頭数の増加が続き，その後でさらに乳量の増加と続いていることがわかる。乳量の増加をもたらしている背景には，とうもろこし，大豆油かす，こうりゃん，大麦などを配合した，栄養価の高い濃厚飼料の存在がある（第4章第2節参照）。

表8 根釧地方における生乳生産量，乳用牛飼養頭数とそれらから計算した1頭あたりの生乳生産量の推移

年	生乳生産[1](t)			乳用牛飼養頭数[2]			1頭あたり生乳生産量(t)			
	根室市	別海町	浜中町	根室市	別海町	浜中町	根室市	別海町	浜中町	根釧平均
1965	6,674	43,354	10,857	*3,977*	*19,751*	*4,872*	1.7	2.2	2.2	2.0
1970	12,119	99,879	24,871	5,049	40,184	8,882	2.4	2.5	2.8	2.6
1975	16,780	157,571	34,466	7,439	62,459	13,983	2.3	2.5	2.5	2.4
1980	28,514	243,338	49,925	*10,577*	*40,180*	*22,300*	2.7	–	2.2	2.5
1985	39,833	306,257	60,521	12,819	93,450	18,515	3.1	3.3	3.3	3.2
1990	43,973	356,460	71,714	13,289	100,173	20,177	3.3	3.6	3.6	3.5
1995	46,645	410,149	84,420	13,628	104,708	22,187	3.4	3.9	3.8	3.7
2000	49,616	438,762	90,489	12,587	104,475	21,563	3.9	4.2	4.2	4.1
2005	53,224	466,561	96,585	11,249	100,130	20,078	4.7	4.7	4.8	4.7

[1]農林水産統計年報(1965〜2005)，[2]農林業センサス。ただし斜体は根室支庁および北海道酪農検査所調べ

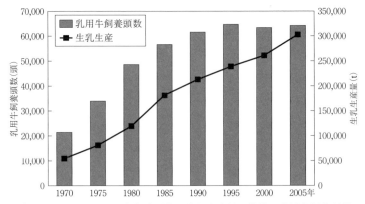

図22 風蓮湖流域における乳用牛飼養頭数・生乳生産量の推移。乳用牛飼養頭数は「農村集落カード」のデータから，風蓮湖流域と重なる地域だけを抽出し集計したもの。集落ごとの値は1970年以降のものしか入手できなかったため，1970年以降のデータを示す。

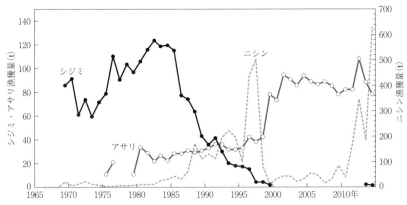

図23 風蓮湖流域におけるシジミ・アサリ・ニシンの漁獲量の推移(データ提供：別海漁協元専務理事・立澤静夫氏)。データは別海漁協における漁獲量のみを示す。

広大な牧草地があっても，さらに系外から餌を持ち込んで生産量を上げようとしているのが，多くの酪農家の実態であることが窺える。

　一方，風蓮湖の漁業はどのように推移したのだろうか。図23は風蓮湖を象徴する漁獲物として，シジミ，アサリ，ニシンを取り上げ，別海漁協より提供いただいたデータから作成したものである。はじめに述べたように，歴

史的には風蓮湖はシジミ漁でよく知られた地域だが，1985年をピークに漁獲量が激減し，2000年にはついに休漁を余儀なくされた。別海漁協ではこれに代わるものとして，それまでは天然種苗に頼っていたアサリの安定的な漁獲のために，アサリ礁を造成し資源増殖にとり組み，現在はかつてのシジミと同程度の漁獲量をあげるようにまでなった。

　ここで注意しなければならないのは，シジミとアサリの漁場は「まったく場所が異なる」ということである。シジミは塩分が薄い風蓮川河口により近い場所を主漁場としていたが，アサリ礁は海水流入量が多くなる，砂丘を隔てて根室湾を望む場所（地元では「ハルタモシリ」と呼ばれる島の近傍）に造成されている（中川, 1999）。現在，風蓮湖のアサリは厳格な資源管理によって一定水準の漁獲を維持している。

　一方，ニシンの漁獲量には年次変動も大きいが，現在風蓮湖における重要な漁業対象種となっている。ニシンというと，「あれからニシンはどこへ行ったやら……」と歌謡曲に歌われたように，明治～昭和初期に北海道日本海側で見られた栄枯盛衰があまりに有名だが，ニシンには多くの系群が存在しており，風蓮湖で漁獲されるニシンは，汽水性の湖沼を産卵場とし大きな回遊は行わない「湖沼性地域型ニシン」として整理されているものである（堀田, 1999；小林, 2002）。根室湾で漁獲されるニシン資源にとって，風蓮湖は産卵や稚仔魚の保育場として重要な役割を果たしていると考えられており，風蓮川など陸水の影響を受ける湖奥のアマモ場が産卵場となっている（堀井, 2009）。

　湖面54 km^{2}のほとんどがアマモの分布域となっていることから，風蓮湖のアマモ場の規模は日本最大とも評されている（環境省, 2008）。このアマモ場は1980年代に比べ拡大しているのではないかとも考えられており（門谷, 私信），栄養塩負荷の増大との関係も類推されるが未検証である。ただいずれにしても，漁師さんたちはアマモ場を「ニシンのゆりかご」としてその重要性を十分に認識している。

3.2　風蓮湖流域における物質動態と食料供給サービスの変遷

　農業，漁業による生産量や生産物の内訳は，それぞれの産業施策や資源動

向に従って推移していくものであって，通常はそれぞれ独立した業界のなかでの変動と捉えられる．しかし風蓮湖流域の事例を見ていくと，酪農業の発展とシジミ資源の劣化は期を同じくし，そのことが当地の漁業をアサリ増殖へとシフトさせた．意図したものではなかったにせよ，農業の動向が漁業の動向にも波及したといえる．

そこで，「風蓮湖流域」で括ったとき，同じ軸で農業と漁業の時代変遷を表現できないかと考えた．まず，風蓮湖流域の農地面積，乳用牛飼養頭数を「窒素負荷」に関わる因子，河畔緩衝帯面積を窒素の「流出抑制」に関わる因子として仮定し，各種統計資料および土地利用データから1970年，1985年，2000年代を比較してみた(図24)．それぞれの年代の位置づけは，1970年が大規模な酪農開発にはいる「開発前期」，1985年が「草地拡大のピーク期」，2000年代は「開発後期(草地拡大は頭打ちで乳量は増加中)」である．また，各データについて，1970年代の値を1としたときの変化として表した．

1970年を1とすると，2000年代の調整サービス(河畔緩衝帯面積)は0.6と減少しているのに対し，1985年の段階で農地面積は4倍，乳牛飼養頭数は3倍になっていた．窒素負荷を表す指標値の増加率は緩衝帯の減少率を凌駕しており，結局，増加分を緩衝できない分が風蓮川および風蓮湖の水質悪化に

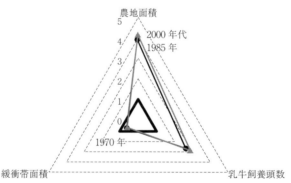

図24 風蓮湖流域における農地面積，乳牛飼養頭数(以上，窒素の負荷源)，河畔緩衝帯面積(調整サービスの指標)の時代変遷．データは，1970年の値を1とし，各年における変化を表した．太実線：1970年の値，●：1985年，△：2000年，をそれぞれ表す．

現れたと見ることができる。こうした陸域での変化に対し，生乳生産量や漁獲量の値を用いて，「風蓮湖流域」全体の食料生産に関わる機能を同様に表してみた(図25)。

1970年代の風蓮湖流域の食料供給サービスは，生乳，シジミ，ニシンによって構成されている(アサリは1970年代にまだ漁獲統計値がないためゼロを示し，その後の変化を算出するにあたりシジミの1970年の値を基準値とした)。1985年はシジミ資源が激減する直前で，この年に漁獲高のピークを記録しているが，その後の資源劣化は前述の通りで，2000年代には漁獲はゼロとなった。図25からは，シジミの代わりに供給サービスを担ったのがアサリであることがよくわかる。また，ニシンについて，図23にもあるように，漁獲高には年変動もあるが，1970年代と比べ増加のトレンドにあることは確かで，1985，2000年の増加傾向は，生乳生産量の増加傾向と類似している。2000年代，すなわち現在の風蓮湖流域が生み出す食料供給サービスは，生乳，アサリ，ニシンによって構成され，1970年代と比べ，生乳，ニシンの漁獲量が4〜5倍に増加していることが示された。

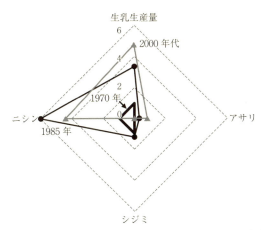

図25 風蓮湖流域における食料供給サービスの時代変遷。陸域での供給サービスの指標として生乳生産量を，風蓮湖における食料供給サービスの指標としてシジミ，アサリ，ニシンの漁獲量を取り上げ，それぞれ1970年の値を1とし，各年における変化を表した。太実線：1970年の値，●：1985年，△：2000年，をそれぞれ表す。

3.3 これからの風蓮湖流域

はじめに述べたように，風蓮湖流域は北海道有数の酪農地帯として発展を遂げた一方で，河川と湖の水質悪化を引き起こし，流域の終末で営まれる漁業に大きな影響を与えた。問題が顕在化し始めたのは農地拡大と乳牛飼養頭数増加が顕著になった1980年代以降である。第1節，第2節で紹介した聞き取り調査やアンケート調査により，1970年代までは，流域住民が川遊びや釣り，野山での山菜，木の実，キノコ採集などを生活の一部としていたことは明らかである。しかし次第に，人々の暮らしから野外活動は遠ざかり，その傾向は川での活動で特に明瞭に現れている。川が身近な存在でなくなった要因は複数考えられる。酪農経営規模拡大にともなう労働時間の増大，河川の水質悪化によって川の魅力がなくなってしまったことなどである。聞き取りとアンケートで回答されたものには，「昔は川の際まで草地開発して見通しがよかったから，川にアクセスしやすかった」というものもあった。逆説的だが，草地拡大のピークを過ぎ，生産性の低い川沿いの低湿地が放置されるようになると，そこにヨシやリードカナリーグラスのような草丈の高い草本や，ヤナギ類が繁茂し，むしろ川に近づきにくくなったというのである。先に述べたふたつの要因とも相まって川に行く機会は激減し，流域住民にとって，今，川の様子がどうなっているか，実感をもって語ることはできなくなってしまったといえる。

　一方，漁業者の暮らしに目を転じると，聞き取りやアンケート調査で印象的だったのは，陸水域の酪農家と異なり，川や野山での活動(遊び)についてはほとんど語られなかったことである。漁労と農業の生活時間，暮らし方の違いというものが窺える。陸水域での生産活動が土地利用を広げることで拡大したのとは異なり，漁業者にとって漁場すなわち風蓮湖は，面積は拡大も縮小もしていないが，その「機能」は農業生産活動の影響を受けて大きく変化した。また，自身の生産活動の場，拠点として変わらぬ存在だからこそ，その変化を漁業者も実感している。酪農業の発展とニシン資源の増大を関連づけて論じるには現時点ではまだ知見に乏しく，間にあるさまざまなプロセスのほとんどを推測で述べることになるため，両者の関係についての考察は

期を待とうと思う。しかし確かなことは，シジミ漁休漁という大きな変化を漁業者が受け入れ，アサリへ転換することで漁業を持続させてきたことである。シジミ漁休漁からもうすぐ 20 年となり，シジミ漁を経験していない世代の漁師も出てきたであろう。風蓮湖は漁獲対象種を変えながらも，これからも生産の場としての機能を発揮していくだろう。

　この章では，「地域住民の環の再生」と題して，人々の暮らしという視点から風蓮湖流域を見てきた。しかし上流（酪農家）と下流（漁師）にそもそも「環」は存在していたのだろうか。集落や産業の起こり方など，それぞれに異なる歴史背景をもち，それぞれ独自に発展してきた。両者の接点は，皮肉にも水質悪化が顕在化したときにできたといえる。それからほぼ 30 年の間に，上下流の住民は対立から協働へと向かおうとしている。であれば，正しくは，「環の構築」を始めているといったほうがいいのだろう。どのような環が望ましいのかについての考察はあらためて次章（第 6 章）にて行うが，いずれにしても，上流と下流をつなぐのは川である。流域住民が川の様子を実感できない現代においては，川とのつながりをどう取り戻すか，現代社会に則した川とのつきあい方を構築することが鍵なのではないかと思われる。

[引用・参考文献]

樋口耕一(2014)社会調査のための計量テキスト分析—内容分析の継承と発展を目指して. ナカニシヤ出版. 235pp.

北海道環境科学研究センター(1999)平成 10 年度環境庁委託業務結果報告書「風蓮湖およびその周辺地域における特定流域環境保全対策調査」. 56pp.

堀田卓朗・松石隆・坂野博之・菅野泰次(1999)北海道東部沿岸域に産卵するニシン *Clupea pallasii* の系群判別. 日本水産学会誌 65：655-660.

堀井貴司(2009)風蓮湖で行われているニシン産卵場調査. 試験研究は今 643.

伊藤晶子・笹賀一郎(1993)土地利用と保全事業の歴史的経過と今後の方向性—北海道北部・問寒別川流域の事例から. 水利科学 211：64-81.

環境省自然環境局(2008)第 7 回自然環境保全基礎調査. 浅海域生態系調査（藻場調査）報告書：30-31.

小林時正(2002)北海道におけるニシン漁業と資源研究（総説）. 北海道水産試験場研究報告 62：1-8.

真山紘(1976)サケ稚魚降海期における姉別川の水生動物相について. 北海道さけ・ます・ふ化場研究業績 244：55-73.

村上格(2013)北海道別海町における酪農の生産構造. 地理学論集 88(2)：23-36.

長坂晶子・柳井清治・長坂有・佐藤弘和(2006)流域環境の変化に対する上下流住民の意識
　　―対応分析・等質性分析を用いた検討．応用生態工学 9(1)：73-81.
中川義彦(1999)風蓮湖におけるアサリ増殖場の資源形成と漁場環境について．釧路水試だ
　　より 80：5-15.
酒井隆(2003)図解アンケート調査と統計解析がわかる本．日本能率協会マネジメントセン
　　ター．285pp.

付表1 聞き取り調査で得られた自由回答の内容一覧

業種	町名	年代	自由回答の内容
漁師	河口	60代	水質は昔よりよくなった。水量は減った。アマモ場はいったん減ったのが回復しているだけではないか。海岸線の侵食が進んでいる。春先の融雪で増水がどんどんなくなった。それで泥がフラッシュされずに滞留してしまうのではないか。ヒトデが増えたのは湖内の塩分濃度が高くなったのではないか。モクズガニは昔はよくニシンの刺し網にかかったが最近はほとんど見ない。ホッカイシマエビができるくらい増えた。相互交流が始まって酪農家の考え方が最近変わるきっかけがなった。シジミ資源の回復は難しいと思う。
漁師	河口	60代	春国岱の侵食が進んで樹木が衰退している。湖奥に細かい泥が溜まるようになった。ムニンウス(半島)がなくなった。湖口が沈降。侵食され拡大しているため海水流入が増えた。ハルタモシリも沈んだ。湖全体に浅くなった。潮の動き、流れは速くなった。別当賀川の川底が浅くなった。大きな川だけでなく(湖のそばの小沢からの汚濁物質の流入も大きいのでは。湖岸のヨシはヤチイと呼んで注連縄(しめなわ)に使っていた。水下待ちら網漁でとるのはチカとコマイ。アマモの成長時期がずれているのでは(遅くなっている)。白鳥が長期間留まるようになった。白鳥がアマモだけでなくクサリの稚貝も食べている。植樹をずっとやっているが、場所の確保が問題。新酪農村のとき森林保全協定を結んだので沿いの木がどんどん使われてしまった。春先などに泥炭がよく堀揚げられている。穴まで開いたようになっているところをクレーターと呼んでいる。目に見えるくらいまで林帯ができてくれば活動の意義も感じられるがなかなか育ちにくいので難しい。
酪農	浜中	70代	湿地減った。森林も減った。川を直線化したので川の位置が下がった。町内にでんぷん工場があった。自家用に芋、ソバ、麦などを作をを作っていた。売り物としてビート、亜麻、イナキビを作っていた。亜麻、イナキビを作って、牛の餌を作っていた。最初は牛1、2頭を支給され飼っていた。泥炭は場所によって厚さがまちまちがあった。湿地で牧草地として使える場所もある。排水路の機能は持続しない。落ちている。オラウンペツの川の色は飴色。丸佐川は冷たくて、色は透明。冷たくいるミンロサケとウグイが遡上していた。サクラマスこの2~3年見られるようになった。
酪農	浜中	60代	川の水量が減っている。大型機械を入れ始めたのは昭和60年代一平成になってから。牧草地の更新は5~7年ごとに行っている。でんぷん工場は戦後から昭和32年くらいまで稼働していた。昭和38年より以前に落差式の水力発電もやっていた。湿地改良は国営負担から最初は5%ですむ。昭和42年に構造改善事業が始まり、戸数が減少少し規模拡大・集約化が進んだ。湿地を使わなくなった。
酪農	浜中	50代	雑草が増えた。イラクサが増えた。工事などでいじった跡が特に変化した。のり面の草が侵入するようになって、植生が変わってしまった。雨が降ったときの増水が極端になった。泥が河畔に打ち上げられる。湿地は生えない場所で、早くから放棄していた。三郎川は砂利や砂の河床。年ごとの雨の降り方の違いによって、機械の入りやすさが異なる。刈る、刈らないでも草の種類が変わってくる。風連湖の協議会で船に乗って風連湖を見る機会がある。

付表 1（つづき）　聞き取り調査で得られた自由回答の内容一覧

業種	町名	年代	自由回答の内容
酪農	浜中	60代	最近ようやく小魚が増えてきた。オショロコツは直線化してきた。水が集中するので一気に増水する。川の濁りは昔は水で、川の濁りは飴色。最近白い。風蓮湖で釣れるのはクロガシラ、トウガレイ、ゴソガレイ。ジジはとれなくなったのでは。湿地の草は牛が好きない。排水効果の持続性は1～2年。排水事業は国負担だけでなく農家負担もあり。ハンドイをよく牧柵に使った。薪、たきつけにもよかった。山火事はよくあった（昭和41年くらいまで）。ヒグマ増えた。春グマ駆除をやめたせいかな。
酪農	浜中	80代	川の水量が減った。カラフトマスは6～7月によく上ってきた。サクラマスが上風連にあり。9月に産卵時期。風蓮川は砂底、5月はサクラマスが上ってきた。でんぷん工場が上風連にあり。サケやマスの肉を入れて食べた。排水前は最初まってきてから上ってこなくなった。でんぷんを使いものにならなかった。捕獲機が風連にできてからとった。
酪農	浜中	60代	川が全体に浅くなり深い淵がなくなった。シカが増えたのでシカ道から泥の流れ込みがあるのでは。河床の土砂堆積量の増加によって、植物も変化しているのでは。草地更新は秋のうちにできる。草地拡大は気をつけなければいけない。拡大に走りすぎた感がある。表土を削った跡の赤土（火山灰主体、粘土混じり）が流されやすい。
酪農	浜中	80代	かつてはこの一帯は森だった。川（別当賀）も昔は蛇行していたが直線化してしまった。ここ30年くらい化学肥料に変わった。元々この地域は馬の飼育をしていた。それが牧場の始まりで牛に変わっていった。馬の堆肥はすごくよいが（かみ直）をしないので栄養が残っている。牛は手間もかかるので馬に戻した。牛の堆肥は使えない。別当賀川ではシロザかほとんど見たことはない。
酪農	浜中	70代	入植したと思ったら木をかなり伐った後だったのでササ地だった。そこを牧場にした。森は沢地など条件の悪い場所に残っていただけ。姉別川は昔サクラマスは多かった。今は減ってしまい、10尾に1尾がサクラマス。あとはアメマス。アメマスが増えた気がする。カワシンジュガイは食糧難のときを食べた。小さいのは柔らかいが大きいのは堅い。浅瀬に小さいの（5cmくらい）、深みに大きなの（15cmくらい）がいた。入植した年は暖かくて露地でスイカができた。芋、トウキビ、カボチャなどを作って自給自足していた。昭和27、28年は冷夏で大変だった。この地域は三田牧場が大規模化の始まり。もともとは軍馬育成牧場をやっていた。馬の育成には特に牧草地を作らずにササ（混牧林）でやっていたが、ササが一斉枯死して馬が食べるものがなくなり、ずいぶん人餓死した。それで牧草地を造成しなければということになり牛に転換していった。昔は川も蛇行していたが、最近は深く掘れて直線的になった。イトウの稚魚やドジョウの稚魚もいた。
酪農	浜中	50代	草地更新のために耕転するとかえって変な草が出る（埋土種子コランなどが生えてくる）。湿地はどのみち使えないので放っている。条件のよい場所だけで土をきちんと育てていけばいい。牧草が取れる。土作りが基本。頭数を抑えて飼えば生活に余裕が出る。小規模で農家の数が多かった昔のほうが人もたくさんいてよかった。規模拡大は集落の崩壊を生む。小規模で余裕が出る。

付表1（つづき）　聞き取り調査で得られた自由回答の内容一覧

業種	町名	年代	自由回答の内容
酪農	浜中	70代	湿地の面積は変わらないがヨシが増えた。昔は高層湿原のような景観だった。森も減った。広葉樹林を使ってカラマツを植えていた。酪農規模拡大の前は炭焼きで生計。畑をつくって亜麻、ソバ、エンドウ、ナタネなど栽培していた。ナタネは別海に売ってもらうところがあった。亜麻は製糸のために種子供給され、繊維を供給していた。切り株からもシイタケが出ていた。十勝沖地震の頃（1963年？）広葉樹林が伐採されたからマツ植林。天然林にはシャナやヤクやハスカップなどがあった。ハスカップの実をそら豆いっぱいにとったりしていた。今よりヤナギは少なく、ハンノキが多かった。ナラの曲がり木は船の骨材にした。地衣類（サルオガセ）を買いに来るのでヤナギがあった。姉別川の植生だったので遠くからでも水面がよく見えた（それで釣りにもよく行ったが）。ヨシが繁茂してしまい植生はかなり変わった。檜前、初田川にもコケモモがあった。昭和30年頃は馬から牛に転換した。ヨシが繁茂してしまい水面がよく見えない。半日かけて姉別川によく歩いた。アメマス、サクラマス、イトウなど。サクラマスはあまり釣れない。エビ取りのどうにイトウが入っていけないといけなかった。カラシジェガイは堅くて食えない。20〜30年くらい前、風蓮川の河畔林の払い下げがあり、業者がいい木を伐りだしていった。放牧をやっているいる川は汚している、が、湾中から排水の苦情があったと聞いている。食えると知らなかったので食べなかったところはちゃんとある。姉別川にはモクズガニが結構いた。タンクラ浄化槽をつけてところに密漁（マス）用の網にはよくかかっていた。ラフトマスは脂がなくてうまくない。風連橋の下ではカワガレイがとれたと聞いている。
酪農	浜中	80代	昔は年中水が流れていたが今は雨の時だけ一気に流れる。普段の水量はかつての3分の1くらい。オラウンベツにはサクラマスは入るがシロサケは入らなかった。ノコベリベツにはシロサケもエキにして。ウナギの産卵が多かった。下茶内に落差工ができて魚止めになってしまった。整備工場などの排水で川が汚れた。ザリガニがさんといてホッチャレを食べていた。馬から牛に転換したのは戦後。国の補助事業で開墾したが草が使えずに牛が草を食べない。ハンノキが生えて再び樹林に戻りつつある。湿地の牧草は品質が悪い。泥炭の臭いで牛が草を食べない。農業委員会が毎年回ってきて農地を貧しないかと勧めてくるが、権利が半くなるし、安いので貧さない。産卵期はウケイ→サクラマス→ロザケの順。イトウの産卵期にみんなでヤスをもって取りに行った。シロザケは雪降る頃まで。昔ヤマメをよく捕った（いギをエサにして）。最近マメがとれなくなった。気温は変わらないが風通しがしてしまった。防風林を売って現金収入を得なかったが、終戦後、木材を売って現金収入を得なくなってしまった。国有地だったため。でも市町村に払い下げられ、農民の要求して行政が折れてしまった。ノコベリベツ、オラウンベツも川で魚がたないのでは。
酪農	浜中	40代	大雨が降ったときにこのあたり（オラウンベツ、ノコベリベツ）の牧草地は水に浸かる。自然破壊をしてしまった。土砂も溜まったりする。年にようて魚が多くてそうでない年がある。

付表1（つづき）　聞き取り調査で得られた自由回答の内容一覧

業種	町名	年代	自由回答の内容
酪農	別海	80代	昔は川の水を飲めるくらいきれいだった。小魚たくさんいた。入植時は森林だった。牛の頭数はとにかく増えた。ナラやタモを使って薪にした。雪解けの時なら水に濁るくらいで。夏の大雨では特に濁らない。
酪農	別海	50代	川の水質が減った。水質は特に変わらない。昭和50年代に草地改良した。暗渠は入っていないが、草地が拡大したので薪はまだいるのでは。カラスが殻を運んでくるのでは。子供の頃は畑で亜麻、ソバなど作っていた。昭和30〜40年代に人が来るのでまだいるのでは。サクラマスやアメマスは釣り人が来るので見ることがある。
酪農	別海	70代	川の水量が減った。急に水量が増え、引くのも早い。昭和30年代は川の水を飲み水にしていた。井戸を掘削したところ、10m深でポンプアップできた。砂、砂利、火山灰、泥炭が層になっている。各層の水の臭いが違っていた。今は周辺の水が来ている。伐根を火薬で粉砕していた（火薬伐根）。切った木を炭にして売った。リードカナリーグラスは湿地に強いがはびこって手に負えなくなる。昔は軍馬の育成をしていた。
酪農	別海	50代	川幅が半分くらいになった。昭和52〜53年ごろ森林を開いて牧草地を拡大した。
酪農	別海	50代	魚が減った。川の水量が減った。速く流れるようになった。サクラマスは金魚のようにいっぱいいた。カワシンジュガイもたくさんいた。ジャマクロウは今でもいるが木になるようあまり木になるよう止まらない。イトウ、サクラマスは今もいると思うが（釣り人が来るので）数は少なくなったと思う。矢臼別に化場を閉鎖して放流しているがいなくなってからロコサケがなくなった。先代は薪で木を使って生活していた。土地が広がっているのも限界に近づいている。起伏の多い土地はならして平坦にすることもあるが、切土地は牧草の生育が悪い。平らで四角い土地を皆求め、急傾斜地や谷の土地は嫌がられる。最近は川の草地拡大の際まで拡大した時期もある。環境をよくするってことは本当にできるのか。聞き取りで何が変わるのかい？
酪農	別海	50代	入植して年数が浅いのであまり昔のことは知らない。
酪農	別海	70代	川の水量が減った。大雨のときに水がどっと出るようになった。タモもよく水によく植えた。当時山火事が多く、木はすぐにあまりなかった。昭和30年代新酪事業でカラマツを植えた。道路を通すとき地盤が悪くなった。漂高が高い側に水引が悪い。草地拡大は昭和48年頃から。家畜、人力、ブルで開墾した。傾斜地は牛や馬草はいいが、機械作業が大変。ナラの大木は炭になる。牧草の生育はよい。粘土地だった。50年くらい前は小川の草分けで糸を垂らしたらアメマスやサクラマスがすぐに釣れた。ウサギはよごして食べていた。イトウの刺身がうまかった（オス6尺くらい）。風蓮川のドジョウは佃煮にして釣りに。釣り人が来るかもしれない。40〜50代の人ではうち地域の自然のことはわからないのでは。森があって海霧を防いでいるのからほうが暖かいのではないか。スイカやメロンが露地でとれた。サクラマスはヤナ漁（引き込み漁）でとっていた。自分のところは傾斜地がない。風蓮川では湿地がない。湿地の放牧はよくない。1mくらいのイトウは頭が固い（てヤマメが釣れた。自分のところは傾斜地さらになかった。

付表1（つづき）　聞き取り調査で得られた自由回答の内容一覧

業種	町名	年代	自由回答の内容
酪農	別海	70代	川の水量が減った。大雨のときを水がどっと出るようになった。造材師が来て大木をどんどん伐った（昭和30年代）。開拓時は炭焼き販売して食べた。ナラ、カバの大木がびっしりあった。ハンノキ、カシワもあった。風連川は食糧庫、サクラマス、シロザケを塩蔵にして冬を食べて暮した（ヤスでとった）。イトウは大いに美味くない。ウグイは甘露煮にした。昭和16年、国から補助牛（1〜2頭）が与えられた。終戦後、亜麻、馬鈴薯、麦などを栽培していた。かつては融雪期に尿（スラリー？）が川に流れ込んでいた。下が凍結しているので浸透しない（10〜20年くらい）。カラシンジュガイはかつて川底真っ黒になるくらいいたが、いっときいなくなっている。ここ10年くらいで再び見え出した。茅内の工場（雪印）から廃油流出で大騒ぎになったとき死滅したといわれている。泥炭を掘って堆肥替わりにしたことがある。この辺りは黒ボクラはなく山砂（厚さ70cmくらい）。その下は200mくらいまで軟岩。ふ化場のところのカーブに砂利場が出て貝殻。海の名残か？今もG.W.に釣り人がくるのでイトウ、サクラマスはいるのでは。
酪農	別海	60代	新規就農で住み始めて10年くらいしか経ってない。
酪農	別海	80代	かん排事業で川が変わってしまった。工事前はきれいな小川だったのが、変な池のようなものを作ってしまい、水が淀んで汚くなった。池が深くて危ないて孫を遊ばせられない。
酪農	別海	60代	昭和50年新規酪農村事業で草地改良をしたが、3年くらいで元に戻ってしまうので意味がない。明渠も良いと考えている。緩衝帯を残さないと直接汚濁が入るのでよくない。河川敷地を草地にしているところから農地にひっかからないので農家も植樹地として提供してくれる。カラシンジュガイは一時減ったが、最近また見るようになった。大型酪農は草地が欲しいから拡大してやってきた。また、フリーストールに避暑できるので日陰としての樹林帯も必要なくなってしまった。
酪農	別海	50代	変わったものはない。草地更新は5haやるのに300万円かかる。補助率7割でも90万円かかる。自前でやるなら250万円くらいでできる。1haに1頭が昔の適正規模。規模拡大すると人工飼料を使わざるを得なくなる。草の質で生乳生産するのが酪農の醍醐味。除草剤をまいても雑草は出る。いい堆肥で育てた牧草は甘くてよく食べる。スラリーまきすぎて硝酸態窒素が高くなりすぎると草は牛も食わない。肥料を買わせたい、という農協の言いなりになっている（高濃度の硝酸は牛の体にも悪い）。規模拡大すると余裕もなくなる。事業をやらせたい。大規模の酪農家は、一見、入金額が大きいので儲けているように錯覚してしまう。益率は高くできない。大規模になっているので、利益率はよくない。経費もかかっている。

付表1（つづき）　聞き取り調査で得られた自由回答の内容一覧

業種	町名	年代	自由回答の内容
酪農	別海	30代	こちらに来てまだ数年くらいなので周りのことはよくわからない。
酪農	別海	70代	雨が降ったときの水の出方早くなった。平地（十分な面積がある）を使っているので谷地（河畔）にはあまり行かない。粘土の下に火山灰ある。釣り人は見たことがない。
酪農	別海	50代	昔は足にさされるくらいカワシンジュガイが川底びっしりいた。農薬、除草剤や廃水がひどくなったことにといなくなってしまったのでは。

付表2 自然体験に関する設問への回答。「その他」の記載内容

市町村	ID	「その他」の具体的記載内容
西春別	5	虫取り
	13	ダニ・カにさされたこと
	34	畑で鹿が死んで腐敗していた事，熊がロールサイレージのラップを破っていたこと
	36	鳥にだまされた（ケガをしたふりをしていた）
浜中	60	ホタル狩り
	66	木登り
	69	ホタル狩り
	72	数年前にシマフクロウが来た
	95	虫取り
	99	ホタル狩り
	100	40年くらい前は川がよごれていたこと
	102	スズランがたくさんあった
	106	あそこへ行くとヘビがいるという場所で必ずヘビに出会った。牧場内にもたくさんあったミニ湿原と植物の種類の多さ
	109	40〜50年前のイメージをわすれそうーー！森・林が少なくなっている
	113	オオワシとオジロワシとタンチョウツルを一度に見たこと

付表3 環境保全活動に関する設問への回答。「その他」の記載内容

市町村	ID	「その他」の具体的内容
西春別	13	人が出入りしないこと
	18	釣りに行っても自分のゴミと他人のゴミももってこれる分おもちかえりと看板をたてる
	25	道路脇に空き缶，コンビニ弁当などのゴミのポイ捨てが目立ちとても見苦しい 自分だけよければの意識の表れであり情けない気持ち
別海	45	シカを減らして
	52	シカの一斉駆除　カラスも
浜中	86	ポイ捨てがまた多くなってきた
	106	草地更新の際に大面積への除草剤散布が行われる様になってきたが影響はないのか
	110	自主的に自由につかえる補助金
	112	河川改修したあとが雑木雑草がハンモしてて川の流れがかわり，河川がいたんでいる 自然環境を守るのに伐採木かたづけをしてほしい 自然というものは管理しなければならないということを勉強して欲しい

第 *6* 章

座談会　風蓮湖流域の
プロジェクトを振り返って

1.　物質循環の再生を考える

【長坂】　今回のプロジェクトは2年間ということで，個人的な印象としては，ようやく問題解決の端緒を見出したというところでプロジェクトが終わってしまいました。それで今回本を出版するにあたって，まとめというよりは，今後どういうふうに分野横断的な研究をやっていくか，研究と地域社会の連携をどうするか，という問題提起ができればと思っています。

　まずはメンバーのみなさんそれぞれが担当されたテーマについて，印象や課題などについてお話しいただければと思います。

1.1　溶存鉄の観測——収穫と課題

【白岩】　風蓮湖をやる前はアムール川に匹敵するような湿原の大きな国内の流域のデータを持っていなかったので，そういう意味では今回よいフィールドを与えて頂いたと思ってます。それで当初は，酪農のための土地利用の転換が鉄に大きな影響を与えているんじゃないかということを予想していたんですけど，実際に観測してみて，表面上の改変(土地被覆の変化)は本質的には

河川水中の鉄には影響しておらず，むしろ湿原だったところを干拓しても結構濃いのが出ている場合もあったので，それが我々にとっては新しい知見になったと思います。風蓮川に関しては，鉄は十分ある（不足していない）ということになったんですけど，土地利用の，というよりは，地下水位の高さ，還元状態がどのくらい保たれてるかということで溶存鉄の供給の可否が決定的になるということを，西風蓮の小さな支流で確認できたのはとてもよかったと思います。つまり，同じような酪農地帯を流れる川でも片方はめちゃくちゃ鉄が濃くて片方は鉄が薄い川があって，何が違うのかなと考えたら，川の横にある河畔林地帯の地下水位が非常に鉄の濃度に影響していた。それを小さな支流レベルで確認できたというところが我々にとっては大きな発見だったんですね。だから流域の自然に配慮した土地の管理とかというときに，河畔林の重要性のなかでも特に河畔林の下層の水文状態を見るのが大事です。

【長坂】 谷底部分，河畔域って事ですよね。

【白岩】 一番低いとこですね。それが河川水質に大きな影響を与える，溶存鉄に大きな影響を与えるっていうのは，そこはちょっと予想外なことだったです。もっと大きいスケールで影響を受けてるかと思ってたんですが，意外と局所的な話だったんで。

【長坂】 北海道全体のなかでは，風蓮川流域は農地率が非常に高いんですよね。一般的には森林率が60～70％で，農地率が30％くらいと圧倒的に森林の比率が高いんですが，風蓮川流域ではそれが逆転していて，農地が50％近くで森林率は26％くらいです。これにはもちろん地形条件が大きく効いていて，なだらかな火砕流台地で開発しやすかったということが理由としてありますが，逆に河畔域は開発が進まなかったんですね。第5章でも示しましたが，河道の両脇100 mずつ，合計200 m範囲の土地利用変化を空中写真判読で見てみると，

【白岩】 第5章の図21ですね。

【長坂】 そうです。この第5章の図21なんですけど，一般的な土地利用では，沖積低地を開発して河川改修も高度に入っているので，河畔林がものすごく少なくなっているんですけど，風蓮川流域の場合は，土地利用は水はけ

写真1 ある支流の河畔域(撮影・長坂晶子)。地下水位の高い湿地林が発達している。

のよい丘陵地で十分足りたことと,河畔域はあまりに湿地だったので開発すらできなくて残ってしまった。結局終戦時からの推移を見ても2割減くらいですんでいるので,白岩さんが出された観測結果(溶存鉄は十分に存在する)と矛盾がなかったんじゃないかと思います。

【白岩】 そうですね。河畔域が変わらなければそれほど大きな影響を受けないということですね。

【長坂】 流域面積のなかで河畔域が占める割合はせいぜい20〜30%くらいなんですが,そこが良好に保全されているということが,溶存鉄の動態も保全できるという可能性を示唆しているのではと思います。

【長坂】 一方で,風蓮湖には十分な量の鉄が供給されてるけれども,風蓮湖を出て根室海峡に対してはどうでしょうか。河口域は,栄養塩にしても鉄に

してもかなり足りてるというかそんなに欠乏してないけれども，外洋に出た
ときにかなり薄くなっていくわけですよね。オホーツク海の場合は，そこで
アムールのような巨大な供給源からの溶存鉄供給の仕組みがあることがすご
く重要という話なので，この辺りの海域(根室海峡域)でも，風蓮湖からさら
に海域にも供給されている(いた)のではないかという期待もあると思うので
すが。

【白岩】　網走川での観測結果を見ていると，河口から海域に流出した流れは，
海洋の人たちが「ど沿岸」と呼んでいる岸沿いに，べたっと張り付いたよう
になって，外洋には行ってないんですね。そこはやっぱりアムールとは随分
違っていて，鉄を外洋に運ぶプロセスがないので，塩分が上がった地点で凝
集によってほとんど落ちてしまって，残った部分が沿岸に張り付いているだ
けになっています。逆に沿岸だけで考えてみると，網走川だけでなくて並ん
でいるいろいろな川から供給される鉄が沿岸に張り付いて，西から東へ岸沿
いに流れてくるというのが結構大きいのかなと思ったりしますね。さらに，
それは量としてはもう十分なので，生産性を律速するという状況ではないの
かなという印象ですね。

　根室湾の問題に戻ると今回のプロジェクトではそこは全然手を付けられな
かった部分です。川と海の関係を考える上では，もちろん風蓮湖の流出口〜
根室湾に至る部分が鉄にとっては重要だと思うのですが，そこは海洋観測に
なっていく。塩分が入ってくるような所だと鉄の濃度が下がるので，どんど
ん分析の精度がシビアになってきます。沿岸域や風蓮湖などの汽水域であれ
ばフェロジン法でも精度を確保できることは網走川流域や風蓮湖の研究で確
認できたのですが，外洋の鉄というと，はっきりいって我々には手の出ない
世界，とても我々がすぐにできるという話ではないということがわかって，
海洋観測についてはちょっと敷居が高いかなと思っています。

1.2　風蓮湖側から見た陸域の印象

【長坂】　では門谷先生にお聞きします。このメンバーのなかで風蓮湖への関
わりが一番長いので，まず風蓮湖の特徴，陸水域も含めた特徴で印象的だっ

たことは何でしょうか。

【門谷】 感想からいっていいですか。

　沿岸域の調査は北海道〜九州まであちこちでやっていますが，風蓮湖が一番静かなんですよね。

【長坂】 静かというのは？

【門谷】 静かっていうのは本当の感想。つまり人影がない。

　それとやっぱりその何ていうんですかね，産業としての(風蓮湖の)漁業っていうのは量でみるとすごくあるんだけども，実際に行って観測すると何処にもそういう姿が見えない。ほとんどない。だけども生産がある，非常に不思議な印象です。

【長坂】 魚影とかそういうことですか？

【門谷】 必ずしもそうではないんですけれど，長坂さんが作ってくれた第5章の図23「漁獲量の推移」があります。シジミとアサリとニシン。まさにそこに象徴されているように，シジミとかアサリは採貝漁業なので，漁労としては最もプリミティブなもので，まぁ静かな漁業なんですよね。飛び跳ねないし。畑のような所に貝がいてそれを採る。ニシンはある一時期にポンと揚がるので習慣的に漁場に行くわけではない。習慣的な漁労が見えないというか，賑やかさが出てこない。例えば西日本に行くととても賑やかなんです。漁村へ行くと，出て行く船，入ってくる船，それでいろんな種類の漁業形態がありますが，風蓮湖の場合はそれが非常に限られている。でも漁獲量的にはすごく多い。おもしろいなぁと思います。で，よくいわれるように，人工物がほとんどないので，ここは日本なのかなというような所で仕事をしたというのが最初に風蓮湖に行ったときの印象ですね。

　川の話をすると，私も風蓮川をエンジン付きボートで上り下りしたんですけれども，そのときの印象は，非常に木陰が強くて川面に光があたらない。しかも流れ自体は勾配がないからゆったりですよね。ですからあれだけ濃い栄養塩がゆっくり流れているんですけども，河川水中での生産が期待していたほどなかった。つまり使われなくて出て行く，というセンスなんですよね。急流河川だと，生産があってもそれはすぐに移動してしまうので瞬間値で見

たら生産はほとんど出てこない。けれども風蓮川みたいなゆっくりとした流れだと，生産していけば当然溜まっていく，例えばクロロフィルが増えていくとか，風蓮湖に入る前にもうすでにかなりの生産があって，それが風蓮湖にもたらされているんじゃないかと思ったんですけどもそうではなかった。

【長坂】　日射があたらないことが要因と？

【門谷】　たぶん光だと思いますね，ひとつは。(河畔林による)シェイドの効果が非常に強くて光が抑えられるので生産も抑制される。それがいったん風蓮湖に入ると今度逆の効果があって，

【長坂】　風蓮湖に入ると浅くて……

【門谷】　浅いですよね。1ｍしかないから湖底まで光が届いて全層が生産層になってそれがずっと続く。スイッチを切り替えるように川のシステムと湖のシステムがまったく違う方向に働くという，特異な所というか。あのゆったりとした川でもあんなに河畔林が発達してなかったら，それなりに生産があって，当然上乗せされて湖に入っているかと思ったらそうでなかった。とてもおもしろいなぁと思いましたね。川では河畔林による光の制限，湖に行くと水深が浅いので光が潤沢に使えるシステム，しかも(川で消費されない)濃い栄養塩が入ってくるので，物語がそこから始まる。本当におもしろいです。

【長坂】　門谷先生がよくおっしゃっていたことですが，海洋学者は河口が見えると引き返し，陸水学者は海が見えると引き返すと。白岩さんのお話にもありましたが，塩分によって分析手法や精度が相当左右されるので，両方の領域を同時観測する難しさがありますよね。私の「河口」の印象をいうと，風蓮川と風蓮湖の出会う部分，河口というか湖口は，あまり生産性が高くないように見えたんですね。それは何でなのかなと思うと，潮汐による水の移動がかなり激しいので，塩分の変動も大きい，流速も流向も頻繁に変わる，いわば流動場みたいな感じになっているからかなと思ったんですが。

【門谷】　塩分の絶対値で整理すると，河口域というのは塩分がないですよね。基本的にゼロ。それから低鹹水といわれる塩分5(PSU)ぐらいまでは間違いなく生産性低いです。栄養塩過多で誰も使わないで残っている。何がそうさせてるかというと，やはり淡水系(河川)の生物は基本的に流れのある生態系

第6章　座談会　風蓮湖流域のプロジェクトを振り返って　223

写真2 風蓮湖の湖面から岸のほうを見る（撮影・長坂晶子）。湖岸は湿地と森林にぐるりと囲まれている。

での生き方を選択してるので，まったりしている所ではあまり活躍できない。それが，塩分が入ってきて汽水域あるいは海水で生きるような生物が生息できるようになると，まだ栄養塩は潤沢にあるので，ぐっと総生産が伸びる訳です。だから塩分でいうと5とか10～20くらいにかけていろんな種類の生物が共存できる。あるときには淡水，あるときには汽水にしかいない，あるときには海からやってきたものを一次的にそこで滞留できるという条件を持っていて，しかもまだ希釈されていない高い濃度の栄養塩がある。第2章で書きましたが，横軸に塩分をとったとき，クロロフィルがどこで伸びるかというと，さきほどもいったように少し塩分が上がったところから急激に上がって山をつくって海水に向かってまた下がっていくという単峰形の構図をとるんですね。汽水域の生物層の豊かさが何でもたらされているかというと，

特にここでは栄養塩が潤沢にあることと，もうひとつは最初にふれたように水深がないので全層光がある，どこでも光合成できるということだと思います。

例えば隣の西別川は河口からすぐ海(根室湾)です。そうすると今いったプロセスは汀線から 10〜20 m くらいの本当に短いところで終わるので，観測できないし，生物もそこには定着できないので，事実上(汽水域というのは)ないんです。でも風蓮湖の場合は水平勾配がなくて流れもほとんどないので，徐々に塩分が高くなるという構図が非常に安定的に出現する。(汽水域の)教科書に書いたような図がそのまま出てくるんです。

【白岩】　浅いのは大事ですよね。網走湖は上に淡水，下に塩水があって，塩水の大部分が富栄養化によって貧酸素水塊になってます。

汽水といっても，この部分は生物が棲むには厳しい環境です。

【門谷】　水深がないっていうのはわりと決定的です。

1.3　SWAT モデルの善し悪し

【長坂】　三島さんにはノコベリベツ川の栄養塩動態のモデルを検討してもらいました。

【三島】　この課題にあたり，基本的なデータがないのでそれを計測しないとならない，新規設置になるのでしょうけど，議論するそもそも素材がない，というのが大変でした。

【長坂】　過去の推定もしてみようかと当初考えていたわけですが，1980 年代くらいの土地利用はもう今とほとんど変わらないくらい草地開発が進んでしまって。

【三島】　そうですね。

【長坂】　80 年代と 21 世紀の今の何が違うのかという話ですが，実態としては，ちょうど草地拡大が進んで，明渠や暗渠排水をどんどん入れて排水促進していた 80 年代が一番流域の改変度が高くて，逆に，今のほうが排水も機能しなくなったり，生産性の低い草地が放棄されたりして，適度に「緩衝帯」が復活しているのかなと感じています。ただ，土地利用データだけでモ

デルを作ろうとすると，30年前も今も，大して変わらないという推定になってしまって，なかなか難しいものだなと思いました。

【三島】 それと80年代は排水の規制（家畜排泄物法）がかかる前なので，それを考慮してモデルに絡めてみたのですけれど，そのぶん頭数がかなり違うので，結果的にあまり変わりませんでした。だから土地利用だけでちょっとそのモデル作ろうと思うと，一番古い1950年くらいの土地利用を使わないと，結果にも反映されないという感じですね。

　一方，その古いデータ（1950年代）の何がややこしいかというと，気象データもかなり厳しいですし，そもそも何頭飼っていたかがわからないという状態です。つまり，モデルでは，窒素のインプットを計算するためのパラメータとして乳用牛頭数を用いていますが，少なくとも1950年代には，1980年代や2010年代と同じ解像度（支流域スケール）で乳牛飼養頭数を把握できないということがあります。せいぜい市町村レベルなのではないかと思います。そうであればどちらかというと，今の2010年代のモデルを使って，もし土地利用をこういう風に変えたらこういう風になるんじゃないのかっていうような推定が現実的な気がします。

【長坂】 あとは，脱窒っていう機能をモデルに組み込めるのかどうかについてです。というのも，2010年代の土地利用でも湿地がそこそこあるので，緩衝帯としての機能ということで評価できないかと思うのですが。

【三島】 SWATの既存のサブルーチンの中にはそこまで細かなことは書かれていないんですよね。ですから，それを自分で書いて加えるっていう事が出来るかなということですかね。一応この本の中でも書いたんですけど，SWATは，ライセンス的にはパブリックドメインと呼ばれているもので，誰が何しても良いので，プロセスに書き加えて新しく作るっていうような事になるかと思います。

1.4　マイペース酪農の実態を調査してみて

【長坂】 小路さんにはマイペース酪農の調査をしていただきましたが，それを取り上げようと思われたのは，草地での農業生産ということと生態系サー

ビスということをどこかで結びつけるとしたら，ということで着目されたのでしょうか？

【小路】　そうですね。それもありますが，ひとつはやはり個人的な興味です。マイペース酪農というのが本当に環境に対してよいのか，実態はどうなのかなど，そういうことを知りたいと思っていたところにちょうどこのプロジェクトのお話をいただいて，それで取り上げようと思いました。ただ，予想していたのと違った所も結構あります。例えばもっと細々とやっていると思ってたんですけれども，本当に高利益を得ている所は，我々の年収よりも遙かに多い収入を得てました。それから草地の生産がもっと低いと思っていたのですが，非常に多いといいますか，道立の農業試験場と同じくらいの量を生産していますので，そんなに生産量が低くはないということがわかり，それも意外でしたね。

【長坂】　確認なんですけれども，耕耘はやっていないんですよね。

【小路】　やっていないです。草地更新をしていないということは，耕耘も一切やっていないということです。

【長坂】　草地更新しないということが，鍵なのかなと思うのですが。例えば同じ量の肥料を与えたとき，マイペース酪農でやっている方のほうが牧草の生産量が多くなる可能性があると予想できるでしょうか？

【小路】　いや，同じ肥料をやったら多分同じ量しか生産できないと思いますけれども，マイペース酪農の草地では，北海道で推奨する肥料の量よりもずっと少なくても，推奨している肥料の量をやっている通常草地と同じくらいの生産が得られてるということなんですね。

【長坂】　肥料が「少なくても」生産量が変わらないということですね。

【小路】　それがなぜかということまでは突き詰められませんでしたけれども，実際に酪農家さんもそれには気づいてらっしゃって，いろいろな微生物が働いてるのではないかとか考えてるようでした。

【長坂】　あと可能であれば，集水域単位で，経営形態を変えたときに，やっている所とやってない所とを比較して，実際に窒素の動態がどう変わるかというようなことが検証できるかどうかですね。

【小路】 そうですね。農業分野の物質循環の専門家だとか，微生物の専門家だとかそういう方も必要かもしれませんね。

【長坂】 ただ小路さんがとったようなデータ，例えばマイペース酪農経営草地での生産量などをきちっと調べるということは案外やられていなかったんですね。

【小路】 概略ではありましたけど，プロテクトケイジを設置して測るとか，そういう報告はなかったと思います。

【長坂】 窒素や肥料をそんなにあげなくても生産量が変わらないことが数字で出ると，ほかの酪農家さんにとっても，そこまで肥料に経費かけなくてもいいというような裏付けを与えたってことでしょうか。

【小路】 そうですね。ただすぐに乗りかえられるものでもなくて，肥料もそうですが，濃厚飼料もですね。濃厚飼料を止めると牛も調子を崩したりしますし，肥料いきなり止めると草地の草の構成も変わってしまったり，あるいは今まで伸びていたのが伸びなくなる可能性もあるので，いろいろまだ課題はあって，今後どうしていくか考えなければならないでしょう。しかし確かに（今回の調査結果から）ある道筋は提示できたかもしれませんね。

【長坂】 窒素の収支ということを考えると，与えた量に対してどれだけ草地の生産に使われて，どれだけが土壌中に貯留されて，余剰分としてはどのくらい系外に出て行くのかがわかるといいのですが，農業生産では系外に出て行くということをあまり今まで考慮してない感じでしょうか？

【小路】 そうでしょうね。肥料は経費が許されるのであればじゃんじゃんやっていたんでしょうね。ちょっと過剰気味にやった方が結果的に最大の生産量が得られるということで（最後の方はあまり上がらなくなるけど）。

【三島】 マイペース酪農で飼養されている牛なんですが，牛が出す糞尿の量は，いわゆるたくさん肥料を与えた牛と結構違うものなんでしょうか。

【小路】 そこいら辺もまだよく解らない所で。ただ，糞尿の窒素量をざっくり押さえたいと思って以下の計算をしてみたのですが，

糞尿の窒素量＝牛に与えた餌の量−（牛が生産した牛乳＋売られていった牛の牛体量）

写真 3 バリバリと音を立ててササを採食する B 牧場の放牧牛（撮影・小路　敦）

その量で比べると，マイペース酪農の乳牛のほうがもう圧倒的に少ないですね。

【長坂】　それおもしろいなと思ってたんです。糞尿の C/N 比も違うのかなと思って。

【三島】　何かそこら辺はすごくおもしろいですね，物質循環論として。

【小路】　ですから牛の方も普通の牛とは違って，窒素の利用効率が高い牛になっているのかもしれませんね。農家は「淘汰」って言葉を使ってますけども，自分の所の経営に合っている牛を残して，そうじゃないのはどんどん売り飛ばしていくようなことをやっていますので，年数が経つうちに，どんどんどんどんそういう牛ばかりを選抜してることになるんでしょうね。

【三島】　なるほど。

【長坂】　それは丈夫な牛とか，よく乳を出す牛とか，そういう基準で選んでいくんですか。

【小路】 そこら辺はね，酪農家さんによって基準がさまざまで，自分の所にとってよい牛は残して全然ダメな牛は売るという判断らしいですね。

　先ほどの三島さんのお話で，土地利用は(この30年間)ほとんど変わっていないということですけれど，飼い方はかなり変わってきているんですよ。新酪農村とかができた当時(1970年代後半)と比べると，餌の全体量に占める草の割合はぐっと減ってきています。代わって濃厚飼料がどんどん増えて，系外から持ってきている餌が多くなっています。

【三島】 僕のモデルでは，現時点では糞尿の量は同じ値を使っているんですが，餌によって結構変わるものだから，正確ではない可能性もあると。

【小路】 かもしれませんね。牛も変わっていますから。同じホルスタインですけれど，昔は6,000 kg，7,000 kgしか(乳を)出さなかったけれど，今は10,000 kg越えてる所も結構あるみたいなんです。

1.5 風蓮湖流域の供給サービスの評価

【門谷】 ということは全体の物質収支やるときは単に量の観点だけでずっと見ていてはいけないってことですね。飼育頭数というのは1個のデータですね。餌のやり方が違うことで1頭あたりの持っているポテンシャルが変わってきたということですね。それが例えば長坂さんが作られたこの第5章の図25で何か表現が可能なんでしょうか。

【小路】 1頭あたりの生乳生産量ですね。それに直すと多分それもどんどん増えてるはずです。ただ，それを物質循環に応用できるかどうかはちょっとわからないです。1頭1頭の牛の能力は多分わからない(組み込むのは難しい)ので，やはり，例えば流域内なら流域の餌と肥料の投入量から牛乳とか肉の算出量を引いた値で見ていくしかないのかなと思ってます。

【門谷】 残余というか，いわゆる土地に最終的に残るやつはいかほどかっていうのは，小路さん計算できるんでしょうか。

【小路】 僕はそこまでちょっとできなかったですね。今これからやれといわれてもできるかどうかちょっと自信がありません。それもみなさんと議論したかったのですが，まずは餌をどうやって評価するかですね。(系外から)

入ってくる餌の量も正確にわからないですし，そこで生産される餌の量もどれくらいになるかというのも，草地によって全然違いますので。

【門谷】　なるほど。何でそういうことをいったかというと，漁獲量っていうのは割と正確な数字で出ているんです。例えば窒素なら窒素を取り上げて，漁獲による水域からの持ち出しというのは，計算すれば出てくると思うんです。それと比べたときに，陸域での食糧生産が，1950年代以降今に至るまで，変わってきたことは事実だけどどう変わってきたのかが評価できるとおもしろいなぁと思います。

【小路】　質的な変化の評価はできるかもしれないですね。「流域全体」という精度でなら量の評価もできるかもしれません。

【長坂】　今回の本を執筆した段階では，風蓮湖での漁獲量と陸域での生乳生産量を供給サービスの指標にしてみました(第5章図25)。つまり，風蓮湖と風蓮川流域がこれだけの食料生産の機能を果たしてきたというのが何か表現できないかなと思って作ったものです。この図では，1970年代と2000年代でどのくらい変化したかを，1970年を1としたときの2000年の値を出して評価しているのですが，単純に量全体で示しているので，ざっくりとでも窒素量で計算してみるべきでしたね。ただこれをベースにして，例えば窒素，リンや炭素の量としてどうやって評価するかということを次の課題にしておきたいと思っています。

　あとブラックボックスになっている，風蓮湖のアマモの評価ですね。海草類がどのくらいその窒素を利用しているのか。アマモは陸上には持ち出されてないので，そのまま風蓮湖のなかに蓄積というか滞留しているという感じかと思いますが。

【門谷】　ものすごく大事なことなのですけれども，残念ながら今回は定量的に手がつけられなかったので，それが本当の次の課題ですね。

　ちょっと今の話に関連して少し水産上の情報をお伝えするとですね，風蓮湖は基礎生産から漁獲への転送効率が非常に高いんです。瞬間値で概算すると0.5％くらいあるんです。世界中の海でこの比率を詳細にレビューした論文(Ware, 2001)があるのですが，それを見るとペルー沖のアンチョビが山ほ

ど取れるところで 0.2〜0.25 くらいなんです。私が独自に計算した瀬戸内海で 0.4〜0.5 ぐらい。風蓮湖はそれに匹敵するんです。世界中の多くの漁場は 0.1 ないし 0.2 なんです。基礎生産から漁獲物にいくまでにはいろいろなプロセスがあるので，例えば単純に栄養段階がふたつ上がれば 1％というのは生態学のセオリーなので，1％以下であることは事実なんですけども，1 に限りなく近いんです。風蓮湖でなぜそうなるかというと，相対的に貝類の生産が高いから。二枚貝，フィルターフィーダーは栄養段階が低いので，それがその数値をぐっと押し上げてるんです。逆にいうと，高次の捕食者，例えばここでマグロを飼ったとすればうんと小さくなるはずです。食う―食われる関係があと 2，3 段階必要なので。

　それを過去に遡ってどうなるかということを実はやろうとしてるんですけども，残念ながら過去の基礎生産を類推するのは本当にスペキュレーションになってしまうのでここが一番難しいところです。ある数字を仮定してしまえばいいでしょうけれど。

【長坂】　それは風蓮湖が貧栄養だったときの基礎生産量ってことですね。

【門谷】　国土地理院が 1982 年に出した冊子（「風蓮湖湖沼図」）を見ると，当時の公式見解として，風蓮湖は貧栄養湖とされているんです。

【長坂】　そうだと思います。

【門谷】　その時代の漁獲量はわかっているので，仮に貧栄養だとして基礎生産を仮定したときに（転送効率の）数値が出ない訳ではない。現代の 0.5 くらいと，例えば当時仮に 0.1 か 0.2 くらいだったとして，その間どんな風に推移して，何がそうさせたのかということを明らかにすることが，私の研究としてはひとつのゴールに近いなと考えています。これはアマモを置いといての話ですけど，そういう視点で第 5 章の図 25 を見てみると，非常に示唆に富むデータセットだと思いますね。

【長坂】　水産業に関連してもう 1 点，このプロジェクトでは取り上げなかったのですが，風蓮湖流域はサケ・マス遡上河川というもうひとつの側面があります。まず風蓮湖がこれから海に出ようとしているサケ・マスの稚魚の保育場になっていると予想されるのですが，秋に遡上してきた親魚は，今は河

口近くの捕獲場でほぼ止めているので，いわゆる流域の物質循環ということを考えたとき，それを少しは上流に遡上させてあげられないかなと思っています。これは，物質循環という視点からだけではなく，地域住民の川への関心を維持させるという視点からも重要なのではと，このプロジェクトの調査を通して感じています。地域の人にとって，サケ・マスが帰ってくるとなると，その時期に川を見に行くわけで，川に対する関心がぐっと高まるんですけれど，風蓮川流域では今はほとんど目にできないので，地域の人が川を気にする習慣がなくなってしまった。特に川に用事もなくなったので行かなくなっている，川がどうなっているのかよくわからない，そういう時代です。風蓮川流域の水質保全に対する行政や地域住民の自発的な取り組みは評価すべきレベルにあるので，酪農家さん達が協力してくれているということに対するお返しとして，漁業者の方から，もう少し上流に遡上するサケ・マス類を増やすというようなことができるのであれば，酪農家さんたちが川に注目するきっかけがまたできるのじゃないか，水質保全への関心や自覚ももっと強くなるのではないかと思います。

　そのサケ・マスに関していうと，サケ・マスの増殖事業をやっている方々の印象としては，まだ河川内の栄養塩濃度のレベルが若干高いということがあって，川のなかでサケ・マスが過ごす時間が長くなるのであれば（天然産卵を許容することによって野生群が増えるのであれば），もう少し栄養塩濃度が低い方が望ましいという話をされてます。一方で，現状のレベルで，風蓮湖への栄養塩インプットによって風蓮湖内の漁業生産が維持されているという可能性もあります。河川内と汽水域それぞれの生物相が要求する栄養塩レベルにギャップが生じる可能性も考えられて，それらのバランスをどう見出していくのかというのが次の時代の課題としてあるのではないかと考えています。

【長坂】　農業と水産業という生産活動を踏まえた物質循環を風蓮湖流域で包括的に考えていくと，今回のプロジェクトから，陸域で投入される窒素量を減らすことは酪農経営としても可能であるということが示されたと思います。サケ・マスによる栄養循環は海域で蓄えられた窒素，リンを陸水域に運搬してくる話なので，現状の栄養塩レベルにさらに上乗せする話になってしまい

ますが，現状より下げることが可能であれば，先にも述べたように，地域社会にも大きな価値を持つ可能性があります。さらにその機能評価については未着手でもあるアマモですが，今後の課題として，風蓮湖のアマモを管理しつつ，本州で行われているように，肥料として陸域に還元するようなことが可能になれば，風蓮湖流域の物質循環システムとして，非常に特徴ある流域管理になるのではという期待があります。

2. 地域住民の環の再生を考える

2.1 流域連携について

【長坂】 流域連携の話をしたいと思います。白岩さんが流域の話に興味を持ったのは，アムールオホーツクプロジェクトでも流域ガバナンスということが課題となって，それを北海道に置き換えるとどうなのだろうかという問題意識からということだったと記憶しているのですが，あらためて今どのような感想をお持ちですか。

【白岩】 北海道内では，網走川というのがひとつの先進事例だと思うのですが，元々はやはり漁師さんが上流に関心をもって，そこに北海道開発局という行政が関わって，それで農家がそれに少しずつ組み込まれていったという形です。網走川流域の農家にとってのメリットですが，例えば十勝と比べて非常に小さい規模で酪農をやっている上流の津別町が酪農で生き残っていくためにはブランド化をしなくてはいけない。ブランド化をするためには川がキレイになってサケが上ってくる横でとれる牛乳，みたいな。そういう生き残り戦略として農家が漁師と連携することに対してメリットを見出したわけです。最近また網走川流域の会[1]みたいなものを作ったりしてますし，少し

---

[1] **網走川流域の会**：網走川流域農業・漁業連携推進協議会（平成23年5月20日設立）を前身として，平成27年3月に発足した非営利団体。網走漁協，西網走漁協，網走市役所，JA津別などが構成員。その設立目的は，①網走川流域が育む独自の文化や風土，そして豊かな海と大地のめぐみを次世代に引き継ぐことのできる持続可能な地域協働による人・産業・自然が共生する流域社会の構築を目指す，②流域住民をはじめ網走川流域に関わる各種団体，企業，行政機関，大学，研究機関が交流，連携・情報交換できる機会

ずつ無理しないでいろいろよい形ができつつあるようです。

　一方，風蓮川では，ひとつは条例ができたんです（別海町畜産環境に関する条例[2]）。ひとつの行政単位でそういう新しい展開があったので，漁師さんと酪農家がどのくらい繋がっているかっていうのに興味があったのですけれど，長坂さんの調査では，網走川流域ほどの強い繋がりはまだない。網走川との違いでいうと（網走川流域は複数の町村にまたがるけれど）ひとつの行政単位に属するので（正しくは別海，浜中，根室，厚岸の4市町村にまたがる），行政がどこまで投入できるかというところかなと思って見てました。

【長坂】　やはり地域，流域ごとに一様ではないですね。網走川は網走川の経過とそれに関わった人のパーソナリティがあって，ああいう仕組みができている。風蓮川の場合，例えば別海町の水環境条例は行政からのトップダウンですし，規制をかけるというスタイルですが，網走川はブランド化とかイメージ戦略，産業振興的なカラーをすごく出しています。そもそも網走湖は風蓮湖のようにシジミが採れなくなったという訳ではないし，陸域（農地や森林）も網走湖も生産性がすごく高い，サケ・マスもたくさん帰って来るので，水質汚染を切実なテーマとはしていないですね。本来持っている豊かな土地柄を，網走川流域という共通語でより強力にアピールしようという戦略だと思います。

　風蓮湖流域も似たようなことはできるかもしれませんが，風蓮湖は風蓮湖という大自然そのものを売りにできると思います。ただ案外みなさん，特に漁師さんがすごく控えめというか。

【白岩】　網走漁協ほどアクティブな印象はないと？

【長坂】　網走が特別エネルギッシュなのかもしれませんが（笑）。それに比べ

をつくり，人的ネットワークを築くことにより網走川流域の今後のあり方について共有意識の醸成をはかること，としている。（網走川流域の会フェイスブック URL：https://www.facebook.com/abashiri.ryuuikino.kai/?ref=page_internal）

[2] **別海町畜産環境に関する条例**：別海町では，近年発生した家畜ふん尿の河川流出など，漁業に悪影響を及ぼしかねない畜産関係の事故などを踏まえ，「別海町畜産環境に関する条例」を制定した。条例は，事業者の規制に係る部分については3年間の猶予期間を設けるなどして，平成26年4月1日から施行した。詳細は別海町 HP に掲載されている。

るとすごく控えめで本当にコツコツ漁業やっているっていう印象です。酪農の方もすごく真面目というか，こう結託して何かブランド化してやってこうというガツガツした感じがないと思うんですけど，それは地域がその必要性を感じるかどうかっていうので随分違うんだろうなと思ったのですが。

【白岩】　でも別海町は酪農に関してはもうブランドですね。

【長坂】　確かにそうですね。

【白岩】　多分，網走川流域は農業にしろ何にしろ中途半端なんですね。漁業は一番のブランドで，上流側は中途半端だから逆に乗ってきたんじゃないでしょうか。あれが十勝みたいに成功して大規模だったら，下流のいうことをそれほど気にかけない。

【長坂】　そうですね。そういう意味では別海もそうなのかもしれないです。特に「流域」としてブランド化してなくてもいいという。

　今回のプロジェクトでは「合意形成の課題抽出」をテーマのひとつに掲げていました。私は当初，流域の上流下流で情報が分断されていて共有できていないから合意形成がうまくいかないんじゃないかという仮説をもっていて，それは聞き取り調査やってみると確かにその通りだったんですけれど，さらには，その上流側の酪農家さんの間でもすごく細分化されているということが浮き彫りになりました。

　実は最初は，流域全体の生態系サービスを InVest モデルなどを使ってマップ化(可視化)することで，上流と下流の情報の分断をなくし，情報共有するためのツールにならないかということを考えていたのですが，プロジェクト初年に聞き取り調査をやってみて，地域の人たちの自然認識があまりにも地先の，本当に集落とか支流域スケールだったので，仮に InVest でマップが書けたとして，その「流域全体の絵」を地域住民の人に見てもらってもピンとこないんじゃないか，合意形成の支援ツールになり得るのか，と疑問に思い始めてしまったんです。

【白岩】　よくいわれる上流と下流，酪農家と漁業者というような関係では捉えられないくらい酪農家のなかでも意見が違う。

【長坂】　そうですね。あともうひとつは，上下流の情報共有ができたとして，

例えば，じゃ上流ではこういうこと気をつけましょうと，上流の住民にいくら河口域の環境保全を訴えても，水環境条例と一緒で，結局規制をかけるようなアプローチになってしまうのではないかとも思いました。役場発のトップダウンの取り組みとしてはそれでいいのかもしれないのですが，今回考えていたのは，どちらかというと地域住民が自律的に取り組める活動のあり方，ボトムアップ的なアプローチをどう確立するかということでした。

　だから地域単位での自然観というのがあるんだ，とわかったときに，自分たちの身近な環境をよくする，地域単位で何かよくなっていくというプログラムでないと長く続かないのではないか，それはInVestで流域全体を俯瞰するというやり方とは違うなあと，強く感じたんですね。InVestを使って合意形成の試行のためのワークショップなどを開くということもできたかもしれませんが，ちょっとピントがずれている，この地域にとって必要なプログラムではないと思って，別のアプローチを探しているうちにプロジェクトの2年間が終わってしまったというのが本音です。

【白岩】　風蓮は地形条件にしても，そもそも囲まれていないじゃないですか。根釧台地は（勾配がかなり緩いので）流域っていうイメージがない，住んでいる人はそういう感覚ではないですかね。

【長坂】　そうかもしれません。ただ，上流の方が河口のことを気にするというか，漁村は流域の終末にあるので，そこで生業を営んでいる人たちのことを気にかけることが必要だよ，という問いかけは必要だと思います。

　それにプラスして，例えば西春別だったら西春別という集落に何かメリットがあるよ，という仕掛けですね。地域資源として使えるものが保全されるのでこういう環境保全の取り組みをするんだという仕掛けが鍵だと思います。

【白岩】　三郎川の魚道[3]みたいな。

【長坂】　そうです。

---

[3] **三郎川の魚道**：浜中町の三郎川プロジェクトのこと。風蓮川の一支流ノコベリベツ川水系の三郎川には取水用の堰があり，イトウなど淡水魚の遡上阻害となっていたことから，河川技術コンサルタント，研究者，NPOなどを交えて魚道設計を行い，住民自らが施工を手がけた。経緯や内容については中川（2009）を参照。

今話に出た三郎川ですが，三郎川は浜中町の水源になっているんですね。ですので，三郎川の流域の人たち(特に上流沿いの西円朱別地区)は，自分たちの土地利用によって浜中町の水道水質が左右されると考えている。自分たちの取り組みが地域の環境保全に役に立つんだという意識付けがされています。普段の生活に直結しているという活動目的のほうが持続性，自律性があるのではないか，と考えさせられた事例です。

【白岩】 僕もアムール川とかいろいろ見ていて，網走はちょっと別ですけど，何か理念が先を行っている感じがして，そもそも世の中「流域」で動いてないし，流域でこう強引にくくるのは，どうかなと感じています。そういう意味でやはり「下流の為に」っていうのは研究者の傲慢な押しつけのような気がしています。最近。それでは地元も動かないなと。

【長坂】 風蓮湖の漁業生産物を，上流の人が享受するといったことが，例えば風習としてあるとか，日常の流通のなかであるのであればまた別だと思いますけれど，今は残念ながらそういう社会になってないので(まさに世の中「流域」で動いていない)。

それもあって，「流域」という地理単位への意識付けについて考えてみると，やはりサケ・マスを上流に遡上させてあげれば，上流の人たちの風蓮湖や風蓮川への関心度がもう少し上がるのではないかとあらためて思いますね。それから，今まだ数は少ないですが，場所によってはシジミが採れるので，例えばそれを年に1回だけ，十勝の生花苗沼のように年に1回だけ漁をして，それを地元で消費するといった取り組みがあればかなり関心の度合いか変わるのではないかと思っています。まだ具体的なプログラムは提案できていないんですが，この地域に合ったその取り組みの提案の仕方はいろいろあると，かなりローカルな話ですが，調査を通してそういうことを痛感しています。

2.2 川と地域住民の関わり——地域資源をどう活かしていくか

【長坂】 2年目にアンケートをやってやや悲観的になったのは，いずれにしても川と地域住民の関わりが非常に希薄になっているということがわかったことです。みなさんやはり本業(酪農)に忙しすぎて。浜中で熱心に活動を

やってる人たちは，後継者もいて，あまりガツガツやらないで，自分の自由な時間も確保して地域活動をやっているという方が多いです。

【小路】　（川とのつながりが希薄になったのは）川に近寄りにくくなったのではないですか。河畔林ができてしまって。

【長坂】　ああ，そう仰っている方いましたね。昔，たぶん1970〜1980年代だと思いますが全部キレイに木を切って，見晴らしもよくて川に行きやすかったって。

【小路】　今ちょっと入れないでしょう。よっぽど興味ある人じゃないと。それはもう仕方ないことなのかもしれないですね。河畔林を残すという方針にした以上。

【門谷】　積極的にアクセスできるような所を作っていくというのはどうでしょう。

【小路】　親水河畔林みたいなのを作らないと。

【門谷】　河畔林はこんな機能をもってるとか。環境教育の場として位置づけられたら，行政はやりやすいんだと思いますよ。

【三島】　川にアクセスしづらいということですが，じゃぁ川がいったい今どのくらいの水が流れているのかとか，どんな水質なのかっていうのが川の袂で見られるようなものがあるといいんじゃないかと思ったりしました。

【長坂】　どんな川かというのがその場でわかるようなものですね。

【三島】　そうですね。よく風速とか気温とかをLEDで表示させたりしてますね。あぁいうものが川の袂にポンとある。それだけですけど，今このくらい流れてるのねとか，そういうのがわかるといいんじゃないかと思います。風蓮川流域だと，ただ橋を渡っただけでは，そもそも水面すら見えない所が多いので。

【長坂】　そうですね。

【三島】　カメラつけるのよいかもしれないですね。水面が映るような。

【長坂】　ライブカメラみたいなものですね。

【三島】　そうですね。あの流域の最下流部の橋とかでもよいと思います。

【小路】　一般の方は，数字を見てもわからないんじゃないでしょうか。

写真4 橋の上から見た支流のひとつ(撮影・長坂晶子)。川面が見えないくらい河畔林が茂っている。

【長坂】 そういうものも教育素材にするという方法があるかと思いますね。最初は見ただけでは一般の人はわからないかもしれませんけれど。
【小路】 説明する人がいればいいんですけれどね。
【長坂】 地域の学習の素材として定期的に使っていくということでしょうか。裾野を広げるっていったら大げさかもしれませんが。
【三島】 お金の出所としては防災みたいなのもあるのでは。
【小路】 橋の上から見るのと，実際にその川でジャブジャブできそうなところまで行くのとは違うと思うんです。都心だと親水護岸だとかウォーターフ

ロントとかいってすぐ側まで近寄れるのに，本来自然と近いはずの農村部で川に近寄れないというのはちょっとおかしいと思うんです。

【門谷】　やはりアクセスできる場所を作るという話ではないでしょうか。それ必要だと思います。

【小路】　木道とか遊歩道があればよいかもしれませんね。実際にどんな流れでどんな透明度でというのがすぐ側で見られるようなものが。

【三島】　そうですね。

【小路】　風蓮川は2級河川だから道庁の管理ですね。道庁の河川関係の方に訴えて予算とってくださいってならないんですかね。

【長坂】　許可を出してもらえるなら，例えば「えんの森」が魚道を作ったように，地元の人たちで簡易な物を自分たちで作るというやり方がありますね。その力は地域の方々に十分あると思うんですよね。

【小路】【三島】　なるほど。

【長坂】　そういえば，実際，別海の酪農家さんで，自分の敷地のなかに小さな支流があるという方がいらして，カラフトマスが上がってくるから，そういうのを見せられるような場所を作るのが夢だと，まさにそういうもの(親水河畔林)を作りたいとおっしゃってる方がいました。川への関心が希薄になったといっても，なかにはそういう人もいらっしゃるので，確かに，この希薄になったという結果をネガティブに捉えずに，逆に近寄れる場所を作ろうと，それを価値のあることだっていうことをうまく伝えられると，地元の方のいい動機付けになるかもしれません。

【長坂】　一方で，風蓮川沿いの河畔林は，日本国内でああいう場所を見ようと思ったらほかにないですね。大木も多くて，河畔林の規模も大きくて。西別川流域にもなくはないですが，西別川より風蓮川の方がより原生的な所が多く残っているんじゃないかと思います。倒木もすごいのでボートで行きづらいじゃないですか。

【門谷】　大変だったな〜(笑)。

【白岩】　北海道のなかでもすごく特殊なのに本当に外部の人がいないですよね。旅行者の気配が全然ないって珍しいですよ，あそこは。インフラもない

し，インフラがないから行かないっていうこともあるし，行かないからインフラもできないってのもある。

【門谷】 いや通り過ぎてるんですね。行かないんじゃなくて，野付で泊まると都会の人が結構来てるんですよ。それでその次の日は知床行ってというパターンです。

【白岩】 そもそも認識されてない。

【門谷】 別海は通過地点です。結局見てない。旅行者に聞いたら全然知らないっていう。

【長坂】 お仕事で行く場所，っていうふうに地元の人も隣町の人もいってますね。

　地元の方はその特異性とか貴重さを自覚していないんでしょうね。外部から来た人によい所ですねっていわれないとわからないというのもあるのでしょう。

【小路】 いわれるまでわからない。

【長坂】 そういうのが少しずつ，そこで産業に携わる人の意識に影響してくると面白いと思います。

　ここでの話は地域資源をどう活かすかということですが，浜中の例を少し紹介します。まず浜中のＩ牧場の例です。エゾシカ猟，エゾシカ肉の解体・加工・販売などを精力的にやっている有名な牧場です。そもそもＩさんの農場はすごく立地が悪くて，所有している土地は恐ろしく広いんですけれど，そのなかで草地としてまともに使える場所がかなり少ないんです。そういうことがあって，じゃあ自分の持っている資源，地域の資源をどうやって活用するかということをすごく考えられたのではないかと思います。若いときには風蓮川のカヌーガイドをやっていらしたとも聞きました。Ｉさんのお話を伺っていたら，そこに「あるもの」をなんとか活かさないとそこでやっていけないという状態が，特徴ある農場経営を生み出したのかなと思いました。

　もうひとつは漁業の例なんですが，浜中の場合，（霧多布湿原もあるので）別海に比べると確かに旅行者は来るんですけれど，じゃあ酪農家さん，漁師さんがツーリストに意識がいっていたかというと，そうでもなかった，特に漁

師さんは全然意識していなかったみたいです。最近，それを霧多布湿原ナショナルトラストのスタッフを中心に，外部経済をどうやって取り込むかという戦略と絡めて，こんなによいもの作ってるんだったらもっとアピールしていこうよっていうことを漁業協同組合などに働きかけています。たとえばウニツアーです。外部の方，いわゆる旅行者ですが，漁をしているところを実際に見てもらって，現地でウニを食べてもらうツアーなどができないかと，そういうことをいろいろ試行したり，模索したりしています。

　浜中でも漁師さんはすごく謙虚というか，自分たちの漁業生産が多い少ないというのがすべてで，他所からどういう風に評価されているのかをあまり意識していないんだなと思いました。もちろん，他所の評価なんかに頼らなくても十分潤っている，豊かな漁場を持っているともいえるのでしょうが，これからどんどん人口も減っていく，消費者の消費量も減るかもしれないし，産業の担い手も減っていくかもしれない。そういうなかで，今後も北海道では農業と漁業が基幹産業と位置づけられていくでしょうから，地域資源をどういうふうに掘り起こして持続的に活用できるようにするかということと，地元に利益が還元されていることが実感できること，資源保全のための取り組みが環境保全とリンクさせられるようにすることが大事だと思います。

2.3　大きな環（上流－下流）と小さな環（地域社会）の循環

【長坂】　風蓮川のプロジェクトでは，流域保全のために，地域住民が自律的に取り組める活動のあり方，ボトムアップ的なアプローチをどう確立するか，地域住民による環境保全活動をどうサポートすべきかということを考えてきました。これらを進めていくためには，今までもよくいわれてきたように，上下流の合意形成と環境保全意識の醸成，の2点が主なポイントだったと思います。私の調査では，風蓮川流域の現状としては，それぞれ，①上下流の共通語が少なく，流域規模の相互理解を妨げている可能性があること，②地域の資源を把握していない住民が増加しており，保全活動の懸念材料となる可能性があること，が抽出されたと思います。それに対する現時点での提案をまとめたのが図1です。

第 6 章　座談会　風蓮湖流域のプロジェクトを振り返って　243

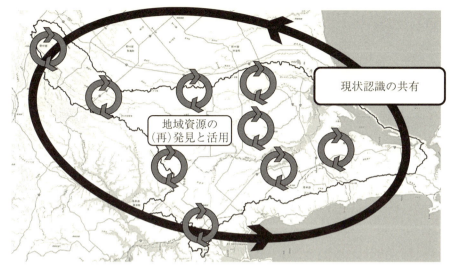

図 1　風蓮湖流域における「大きな環」と「小さな環」

　これは，大きな環(上流-下流)と小さな環(地域社会)の循環を意識した取り組みを考えていこう，という理念を模式的に表したものと考えていただきたいのですが，まず，現代は，これだけ広範囲に土地利用が行われているので，その影響範囲もどうしても広範囲に及んでいる，昔よりもっと上流下流の状況をお互いに把握して，現状認識を共有する必要がある，それが大きな環を意味しています。

　だけど地域社会っていうのは未だに小さな範囲で完結しているという実態もあります。特に，一次産業の従事者が多い地域では，自分たちの地先のことはよく把握していますが，そこを離れてしまうともう不案内になってしまって，関心も薄れるし問題意識も動機も持ちづらい。そういうわけで実際に地域の人が何か行動を起こしていく単位としては地域社会を単位に考えた方がいい，それが小さな環の意味です。

　地域単位なので，それぞれに社会背景，地域特性が多様なのが自然で，活動内容や目的なども地域によって違ってもそれでいいのではと思っているところです。これも住民の方の声を直接聞いたことが大きいと思うのですが，

住民に対して大上段に風蓮湖流域スケールの話をしてもなかなか通じないし，あまり有効なアプローチではないというのが実感です。

【白岩】　アムールオホーツクプロジェクトも実は同じような流れをたどっています。

　最初はアムール川とオホーツク海全体を見て，アムール川流域の望ましい土地利用とオホーツク海の利用みたいなことを提言しようと，偉そうなことをいいました。しかしそのような話は無理で。最終的には，研究者を中心に学術的なネットワークを作るというところに落とし込んだんです。研究者に関しても，それまで分断されていたので，そういう人たちの間に情報を共有するような仕組みを作ろうと，そういう視点も大事だからということで。

【長坂】　そうですか。

【白岩】　で，図1のこの大きな環に関しては，振興局（道庁の地方組織）などが仕掛けるという感じですね。

【長坂】　理想的にはそうです。市町村でもよいと思います。いずれにしても全体像を把握する必要があるのは，図2に示した流域ガバナンスの階層（脇田，2009）でいう上位の人たちの役割だと思います。ただ，振興局はその意識がまだ弱いと感じます。振興局としては，全体像を把握するというよりは，何か地域に働きかけるのが役割だと考えているのが現状です。それは流域という単位で複数部局を調整するという役割を持つ部署がないことが要因としてあると思います。「流域局（幡宮，2005）」のようなものがあるとよいのかも

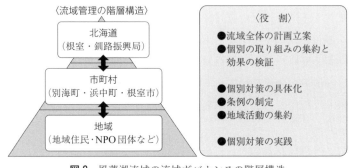

図2　風蓮湖流域の流域ガバナンスの階層構造

しれませんが。北海道の場合は，振興局がそういうことができる可能性がすごくあると思ってはいるのです。

【小路】　そうあるべきなのに縦割りなんですね。

【長坂】　今の組織機構で，振興局に調整的な役割を持った部署がないわけではありません。ただ予算がなくて，権限もないので具体的な行動，事業を起こしづらい。そこが課題なんです。流域として水産業と農業と両方を振興できるような分野横断的なプランを提示したとしても，行政にその受け皿がないということは，どこでやっても同じような課題が出てくるのではないかと思っています。

【小路】　むしろ町(市町村)の方がよいのかもしれませんね。部署を横断した取り組みとなると。

【長坂】　そうですね。それから図1の小さい環ですが，環が孤立するのではなくて，大きな環のなかでどういう風に繋がってるかという情報共有，ネットワーク作りができたらいいのではないかと思います。そう思うのは，やはりNPOとか活動団体は，似たような理念を持って近くでやっていても隣の芝生は知らないというか。それで孤立したり，疲弊したりとかいうことが往々にしてあるのを目にしているので，いまソーシャルネットワークシステムがすごく発達しているので，そういうものを活用したネットワーク作りというのは現代的なやり方なのではないかと思っています。

【白岩】　意外とお互いに知らないですよね。

【長坂】　そう，知らないんです。

【白岩】　ライバルみたいな意識とかがあるのかな，単に無関心じゃなくて。

【長坂】　あるんですかね。

【門谷】　縄張り意識。

【白岩】　研究者はそういう意味で気楽にいろいろな人(団体)のところに行けますが，同業者の人たちは牽制し合ったりという感じで，むしろ我々の方がよく知ってる。俺は聞けないからお前らあいつに聞いてこいって感じがすごく強いんですよね(笑)。

【門谷】　でも図1の環を回すためには，やはり何かセンターがないと。先ほ

どいったように情報共有がないと次がない。それをどこかで作らないと。振興局でも町でもどちらでもいいんですが。

【長坂】　それはやはり，ガバナンスの上位機関がよいのではないかと思います。具体的な行動プランに繋がるという意味では，市町村がその役割を果たすのが妥当かもしれませんね。

【長坂】　それで，先ほどInVestモデルの話をしましたが，いわばマスタープラン，全体像を把握する組織としては，北海道ではやはり道庁，振興局がその任にあたるべきなのではないかと思います。そして次の階層，市町村では，地域の特性に応じた活動プランを提示したり，掌握したり，地域住民の調整役という機能を，そしてその下の地域レベルが具体的な「行動主体」というイメージです。こういう流域ガバナンスの階層構造に対する意識について，まだ行政関係者の方もそれぞれの階層の役割についてまだあまり整理できていないのかなと思います。

　我々自然科学の研究者は，野外調査などを進めるときに対象とする現象によってどの程度の空間スケールが妥当かということを検討しますね。同様に，社会の仕組みにも，物事を動かす上で適当なサイズの空間スケールがあるのではないかというのが今回の提言のひとつです。研究者サイドも，どの階層でどういう知見や技術が求められているのかを意識して，現場に繋がる研究を進めていくことが大事なのではないかと思います。

[引用・参考文献]
建設省国土地理院(1982)風蓮湖湖沼図.
幡宮輝雄(2005)第5章　流域マネジメントの推進. 平成16年度アカデミー政策研究. 健全な水循環の再生・創出に向けて―森・土・川・海の『健全な水の循環』ネットワークづくり―. 北海道自治政策研究センター. 211pp.
中川大介(2009)酪農家，川へ入る　住民とNGOの協働による河川環境再生プロジェクト. 日本水産学会誌 75(4)：722-726.
脇田健一(2009)「階層化された流域管理」とは何か，pp.47-68. 和田英太郎(監修)流域環境学. 流域ガバナンスの理論と実践. 京都大学学術出版会.
Ware, D. M. (2001) Chapter 7　Aquatic ecosystems: properties and methods, pp.161-194. *In* Fisheries Oceanography: An Integrative Approach to Fisheries Ecology and Management (eds. Harrison, P. J., and Parsons, T. R.). Blackwell Science.

用語解説

［あ行］
一番草
牧草などの1生育期間のうち，最初に刈り取った収穫物。北海道で栽培される寒地型牧草では，通常，1番草を出穂前後に刈り取るため，収量が最も多い。

N/P比
水中や生物体内に含まれている窒素(N)とリン(P)量の元素比を表している。多くの場合，水中の無機栄養塩(NO_3-N, NO_2-N, NH_4-N：無機三態窒素と PO_4-P：無機態リン)の濃度比をいう。植物プランクトンの体組成は，この比が16程度であることから，水中の栄養塩濃度の絶対値だけではなくN/P比も基礎生産を制御する要因のひとつである。

［か行］
海成段丘
海岸近くに発達した階段状の地形を指す。波浪による海岸の侵食と陸地の隆起の両方によって形成される地形で，古いものほど高いところにある。

火砕流台地
火山活動にともなう噴出物が火砕流として流出して形成された地形。台地上面は平坦でなだらかな丘陵地形となり，水はけもよいため，畑作など広大な農業地帯として利用されることが多い。一方，台地の辺縁は急崖となることが多く，斜面の露頭からは軽石や火山灰など火山堆積物を見ることができる。北海道では，富良野周辺の十勝岳火砕流台地，洞爺湖西岸の洞爺火砕流台地などが有名である。

還元的環境
物質から酸素が奪われる反応を還元と呼び，酸素が欠乏した状態にある環境を還元的環境という。

揮　散
貯留，放置，あるいは散布された家畜糞尿や堆肥，スラリーなどから，窒素成分などがアンモニアガスなどとして大気中に放出される現象。

汽水域
海水と淡水が混ざり合った水域のこと。わが国は，流量が小さい河川が多いので，河口域にはある程度の空間的広がりをもつ汽水域が形成されないことが多い。風蓮湖では，閉鎖性の強い形状の湖に河川から淡水が供給されているので，海と接続している湖口までの間に塩分0から海水(塩分33程度)まで比較的ゆったりとした塩分勾配が観測される希有な汽水域が形成されている。

基礎生産
光合成による有機物生産を指す。一般に水域では，植物プランクトンや海底(湖底)に生息する単細胞微細藻類，あるいは大型藻類やアマモなどの海草類などが，主要な担い手である。海や湖では，基礎生産量を面積 $1\,m^2$ 当りの水柱全体を積算した数値で表すことが多い。このことにより，あらゆる生態系で得られている基礎生産量との直接比較が可能になる。

クロロフィルa
光合成を行う生物に必須の化合物で光合成色素の主成分である。植物プランクトンなどの

単細胞微細藻類は相対的に多量のクロロフィルaを含んでおり，藻体乾重量の1%前後を占めている。一般に水域のクロロフィルa濃度は，1～10μg/L程度のことが多く，20μg/Lを超えると，水が着色して見えることから赤潮状態と表現される。

合意形成
ある問題に対する利害関係者（ステークホルダー）の意見の一致を図ること。利害関係者には，賛成・反対，といった単純な二項対立関係だけではないことも多く，多様な価値観，意見を丁寧に拾い上げて，可能な限り利害関心を満たしうる提案を作り上げること。コンセンサスともいう。

高栄養塩低クロロフィル海域（HNLC海域）
世界の外洋域には，窒素やリン，そしてケイ素などの主要栄養塩が十分存在するにもかかわらず，植物プランクトンの光合成が制限される海域がある。その原因は，主要栄養塩に加えて光合成に必須の溶存鉄などの微量元素が枯渇しているためであり，このような海域を高栄養塩低クロロフィル海域と呼ぶ。

光合成─光曲線
光合成は，材料である二酸化炭素や栄養塩類の濃度や水温などに影響を受けるが，光量にも強く依存している。光合成速度を実測する場合にほかの環境因子の数値を固定しておき，光量だけを変化させて，光合成速度を実測し，図示したものが光合成-光曲線である。一般に光量を増加させると指数関数的に光合成量は増加するが，極大値の後ほぼ一定の値となり，さらに光量を増加させると逆に光合成量は減少する。これを強光阻害と呼ぶ。

[さ行]

再懸濁
水中で光合成により生産された植物プランクトンあるいはその遺骸（デトリタス）などは，微小ではあるが粒子なので，最終的には海底（湖底）に沈積する。それらの粒子は比重が水と同程度と小さいので，潮汐や風などの気象擾乱により，海底付近の水に水平方向の力が与えられた場合，容易に水中に舞い上がる。この過程が再懸濁であり，舞い上がった粒子を再懸濁粒子と呼ぶ。

サイレージ
比較的水分含量の多い飼料作物や牧草などを密封し，嫌気的に乳酸発酵させて貯蔵した飼料。

COD（Chemical Oxygen Demand）
日本語では化学的酸素要求量と呼び，水中の有機物を酸化剤で分解する際に消費される酸化剤の量を酸素量に換算した値をいう。海水や湖沼水質における代表的な有機物汚濁指標である。有機物が多く水質が悪化した水ほどCODは高くなるが，湿原河川など，腐植物質由来の有機物が多くてもCODは高くなるため，場所によって汚濁指標とはできないこともある。近年では，簡易に全有機炭素（TOC）を測定できる器械が普及してきたため，TOCを用いることも増えている。

周氷河作用
気温が0℃を上下するような条件が継続する気候条件下では，岩石や土壌中の水分が凍ったり融けたりすることによって，岩石の物理的な破壊が進んだり，土壌が物理的に擾乱を受ける。このような作用を周氷河作用と呼び，周氷河作用が長期間継続することによって作られる平滑な地形を周氷河地形という。

草地更新
造成後の利用年数が経過し，生産量の低下した牧草地を，生産性の高い牧草地に戻すため

用語解説　249

に，牧草種子を再び播種するなどすること。

［た行］
低 鹹 水
汽水域は，塩分 0 の淡水から海水までの広範囲の塩分勾配が観測される水域であるが，塩分値の大小により低鹹水，中鹹水，高鹹水域などに区分している。明確な定義はないが，低鹹水は一般に塩分 5〜10 前後の水域を指すことが多い。低鹹水域は独特の生物相が観測されることが知られている。代表的な生物として風蓮湖にも過去に高密度に生息していたヤマトシジミが挙げられる。

定 置 網
定置網漁に用いる漁具の名称。定置網漁とは，港から数 km 以内の沿岸で行われる漁のひとつで，巻き網やトロール漁のように，漁網ごと船が移動して魚群を追跡する漁法と異なり，一定の場所に漁網を固定して，自動的に入ってきた魚群を回収する漁法である。北海道で「定置網漁」といえば，サケ定置網漁が一般的だが，地域によって対象魚種が異なる。

TDN（可消化養分総量）
最も一般的な飼料の栄養価の指標で，飼料中の消化，吸収される養分の単位当たりのエネルギーの量。可消化粗タンパク質，可消化粗脂肪，可消化粗繊維，可消化可溶性無窒素物の可消化 4 成分含量から求められる。

点源負荷
河川や湖沼，海域などへの水質汚染の原因となる物質が，生活排水や工場，事業場などからの排水，畜産排水など，特定しやすい供給源からの負荷であること。これら供給源を特定汚染源とも呼ぶ。

転送効率
食物連鎖系において，被食者（餌生物）から摂食者（植食動物），さらに捕食者（肉食動物）へのエネルギー移動の効率を指す。一般には，食べた餌量の 10 分の 1 程度が転送されることが知られている。索餌にエネルギーを使わなくてもよい生物（餌の接近を待つ二枚貝など）は高い転送効率を示すことが多い。食物連鎖の段階が少なく，かつ転送効率が高い生態系では基礎生産により作られた有機物がより多く系内に留まることになる。

同化指数
同化指数は，植物や藻類が行う光合成過程において，有機物として植物体内に固定された炭素量をクロロフィル a 量で割ったもので，一般には一定量のクロロフィル a，一定時間当たりの炭素固定量として表現される（例えば mgC/mgChl.a/h）。この同化指数は，異なる時空間などで別々に測定された光合成活性を比較するための指数として用いられている。

［は行］
FORTRAN
科学技術計算に適した手続き型プログラミング言語。1950 年代に開発された歴史の古い言語であり，数値演算ライブラリなどの過去の資産が豊富。バージョンアップが現在も続けられており，スーパーコンピュータでも用いられる。

腐植物質
落ち葉や倒木などの植物遺物が，それをエネルギー源とする土壌微生物によって分解されていく過程で形成される暗色で不定形の有機物の総称。フミン物質ともいう。

[ま行]

面源負荷

供給源が特定しづらい汚染による負荷のことをいい，供給源を総称して非特定汚染源とも呼ぶ。非特定汚染源の例としては，道路の交通に起因する騒音など，屋根・道路・グランドなどに堆積した汚濁，農地・山林・市街地などにおける落ち葉・肥料・農薬など。点源負荷と異なり，汚染源が面的に分布することや，負荷物質が風雨などにより拡散・流出して汚染の原因となるため，対策がとりづらいといわれている。

[ら行]

流域ガバナンス

ガバナンスとは「統治」のあらゆるプロセスを表わす語で，1990年代頃から行政学や政治学の分野で注目を集めるようになった概念。関係者間の合意形成により，社会規範や制度を形成，強化，あるいは再構成することと定義されている。2000年代，社会と生態系が相互に関連し合うシステムのなかで自然資源の利用，保全に関する課題解決を目指す流域問題において，ガバナンスの概念が有効ではないかといわれるようになってきた。

流出解析

対象地域における降雨に対して発生する河川の流量や河川水中の物質の量を解析する手法。

索　引

【ア行】

アウトプット　137
赤潮　24
アサリ　202
あつれき　15
姉別川　4
網走川　220
アーバスキュラー菌根菌　145, 148
アベマキ　149
アマモ　75, 163
アマモ場　10
アムール川　73, 217
飴色　167
アンケート調査　172
アンモニア態窒素　9, 57
磯焼け　72
一番草　174
一極集中　151
イトウ　13
移動経路　151
稲作　149
イネ　149
イネ科　144
イネ科植物　148
イネ科牧草　143
インプット　137
魚附き林　71
ウサギ　180
栄養塩　20, 22, 25, 33, 39, 48, 57, 71
栄養段階　231
餌資源　7
沿岸域　71
オーチャードグラス　144, 149
オープンソースソフトウェア　117

オホーツク海　73
オラウンベツ　166

【カ行】

回収率　176
海成段丘　75
海跡湖　22
回答者　159
外部資源投入量　138
外来植物　149
化学肥料　136-138, 151
火砕流堆積物　4
火砕流台地　4
過剰施用　148
河川改修　8
過疎化　151
家畜排泄物法　10
価値創造型　15
活性化　151
河畔域　218
河畔緩衝帯面積　200
河畔林　11, 82, 218
河畔林造成事業　11
花粉　152
灌漑排水施設　6
環境基準未達成　10
環境教育　238
環境変化　159
環境保全　172
環境保全基礎調査　91
還元　147
還元的環境　96
緩衝帯　125
緩衝林帯　12, 197

揮散　135, 136, 147
汽水域　19, 24
基礎生産　20, 22, 47, 72
規模拡大　191
共起ネットワーク手法　160
凝集沈殿　90
共生　145
共通認識　158
漁獲量　203
漁業者　159
居住地　159
魚道　13
漁場環境　15
漁労　221
空間配置　149
釧路国　170
屈斜路カルデラ　75
クヌギ　149
クマ　181
クラスター分析　167
クローバ　143
経営規模　7
系外　136, 138
景観生態学　148-150
景観要素　149
経産牛　137
系内　138
渓畔林　150
鶏糞　145-147
計量分析　160
嫌気化　19
献上鮭　5
減衰係数　52
現存量　20
懸濁態窒素　103
懸濁物質　71
語彙　170
合意形成　235
高栄養塩低クロロフィル（HNLC）海域
72
航空写真　81
光合成　72
光合成—光曲線　53
光合成有効放射　52
耕作放棄　188
格子状　150
格子状防風林　150
高所得　138
更新　137, 145, 148
光量子密度　49
湖沼性地域型ニシン　203
固定　145, 148
コリドー　151
コロイド　72
根釧台地　75
根釧地方　11
根粒菌　144

【サ行】

採貝漁業　221
採草　140, 141, 143
採草地　123
採水分析　159
サイレージ　140, 141
錯体　72
搾乳　132, 133, 174
サケ　5
サケマス増殖河川　4
雑草　137
三郎川　57
産業環境に関する3者会議　13
産出量　146, 147
酸性化　139
酸洗浄　78
産卵場　203
シカ　181
資源増殖　203
シジミ　202

索　引　253

シジミ漁　4
支出　151
自然体験　172
湿原　73
湿地化　188
湿地改良　7, 170
シバムギ　140
シマフクロウ　11
自由回答　160
収穫量　132
収支　146, 147
集水域　22, 81
周氷河作用　75
集約化　151
集落の消滅　151
種組成　41
出現頻度　161
硝酸態窒素　8, 57
情報共有　157
情報交流　157
植生図　119
植生帯　125
食品残渣　129, 130
植物プランクトン　71
食物網　21
食料供給サービス　205
食料生産システム　129, 130
所得　137, 139, 145, 146, 150-152
飼料　135, 136
飼料自給率　134
飼料畑　135, 136
シルト　10
シロツメクサ　153
新規就農者　167
薪炭林　149
神風蓮川　57
新酪農村　176
新酪農村建設事業　74
森林率　218

水質悪化　7, 159
水田　149
炭焼き　149
生産性　138
生産速度　140, 143
生産農業所得統計　131
生息環境　10
生態系サービス　130, 153
生乳生産額　132
生乳生産量　201
生物相　24
生物量　20, 40
潟湖　74
施肥　123, 140, 148
戦後開拓　6
全窒素　127
草地化　74
草地開発事業　7
草地拡大　6
草地管理　150
草地更新　226
草地利用　138
草地利用型　137
粗飼料　134, 138

【タ行】
対応分析　160
大規模化　151
堆肥　135-137, 147, 148, 151
対立構造　16
多重対応分析　193
脱窒　225
地域経済　151
地域固有　149
地域社会　198, 243
地域住民　14
地域特性　158, 189
地域の生態系　129
地下茎型イネ科雑草　140

地下水位　　7, 201, 218
地球温暖化　　139
畜産システム　　129, 130
畜産統計　　132, 135
窒素　　125, 135, 136, 138, 145-148, 151
窒素固定　　144
窒素収支　　135, 148
チモシー　　123, 143, 144, 149
沖積低地　　218
潮下帯　　21
潮間帯　　21
調査員　　158
調整サービス　　204
直線化　　166
地理情報システム（GIS）　　117
低鹹水　　222
低コスト　　139
底質　　10
底生微細藻類　　37, 38
泥炭　　4
泥炭土壌　　95
テキストマイニング　　160
デジタル標高モデル：DEM　　119
電気伝導度　　78
点源負荷　　14
転送効率　　230
同化指数　　47
投入量　　146, 147
倒流木　　5
土地利用　　115
ドローン　　82

【ナ行】
西フッポウシ川　　57
西別川流域　　5
虹別コロカムイの会　　11
ニシン　　5, 202
二枚貝　　231
乳牛飼養頭数密度　　8

乳牛生産額　　132
根室市　　1
根室国　　170
根室湾　　4
粘土　　10
農業産出額　　131
濃厚飼料　　134, 136-138, 151, 201
農地率　　218
農用地面積　　200
農林業センサス　　124
ノコベリベツ川　　4

【ハ行】
ハイエトグラフ　　100
排水　　166
排水事業　　166
排泄　　147
パイロットファーム　　74
パブリックドメイン　　117
浜中町　　1
浜中町役場　　197
飛散防止　　151
泌乳量　　138
ビートパルプ　　146, 147
肥料　　136
貧栄養　　7, 231
貧酸素化　　19
貧酸素水塊　　71, 224
頻出語　　160
フィルターフィーダー　　231
風蓮湖流入河川連絡協議会　　12
富栄養化　　19, 139
フェロジン法　　80
負荷　　170
腐植錯体鉄　　96
腐植物質　　14, 95
籾　　146, 147
物質循環　　19
フルボ酸鉄　　72

ブルーム　54
プロテクトケージ　140, 141
プロプライエタリ　116
文化　151
文化的価値　150
文化的景観　149
糞尿　124, 135, 136, 147, 151
糞尿還元　148
糞尿還元量　148
分別　142
別海町　1
別海町「水環境条例」　14
別当賀川　1
保育場　203
方形枠　140
防風林　150, 151
訪問留め置き法　174
訪問面接法　158
牧草　145
牧草地　123, 137
北海道遺産　150
ポンヤウシュベツ川　1

【マ行】

薪　151
マス　5
マメ科　144, 148
澪筋　23
蜜　152
蜜源　153
緑の回廊事業　197
無回答　189
メガファーム　136
面源負荷　15
藻場　10

【ヤ行】

ヤウシュベツ川　1
矢臼別演習場　91

野草　129
ヤマメ　181
有機態窒素　103
有光層　20
優占種　149
溶存　24
溶存酸素量　71
溶存態　19
養蜂　152
余暇　139

【ラ行】

楽農　152
酪農王国　131
酪農家　158
酪農経営　191
酪農地帯　130
酪農排水　4
リードカナリーグラス　140
離農　151
流域ガバナンス　233
流域連携　16, 157
粒状　24
粒状態　19
流量　127
流量観測　101
利用効率　148
漁師　158
リン酸態リン　9
類似度　167
労働時間　139

【ギリシャ・数字・アルファベット】

$\delta^{13}C$　48
1番草　144
ArcGIS　117
ArcSWAT　117
C/Chl. a 比　37
C/N 比　38

Chl. *a*　　25, 35, 39, 48

CO_2排出量　　139

COD　　10

DIN　　25, 34, 101

DIN/PO_4-P 比　　25, 39

DIP　　101

FORTRAN　　117

GIS　　120

HRU　　119

Hydrological Response Unit　　119

JA はまなか　　197

MapWindow　　117

MWSWAT　　117, 120

NH_4-N　　9

NO_3-N 濃度　　8

NPO 法人えんの森　　12

pH　　78

PO_4-P　　9, 25, 34, 57

POC　　36, 48

QGIS　　81, 117, 123

QSWAT　　117

Reach　　119

Si/P 比　　46

$Si(OH)_4$-Si　　31, 34, 57

Sub-Watershed　　119

SWAT　　115

TDN(可消化養分総量)　　134

TP(全リン)　　10

TPP　　152

執筆者紹介(五十音順)

石川　　靖(いしかわ　やすし)
　北海道大学大学院環境科学研究科修士課程修了
　北海道立総合研究機構環境・地質研究本部環境科学研究センター
　自然環境部生態系保全グループ主査
　第3章執筆

柴沼成一郎(しばぬま　せいいちろう)
　北海道大学大学院環境科学院博士課程単位取得退学
　(有)シーベック取締役
　第2章執筆

小路　　敦(しょうじ　あつし)
　北海道大学大学院環境科学研究科修士課程修了
　農業・食品産業技術総合研究機構
　　北海道農業研究センター酪農研究領域上級研究員
　第4章第2節・第6章・用語解説執筆

白岩　孝行(しらいわ　たかゆき)
　北海道大学大学院環境科学研究科博士課程中退
　北海道大学低温科学研究所准教授　博士(環境科学)(北海道大学)
　第3章・第6章・用語解説執筆

高宮　良樹(たかみや　よしき)
　北海道大学大学院環境科学院修士課程修了
　第3章執筆

辻　　泰世(つじ　やすよ)
　北海道大学大学院環境科学院博士課程修了
　3月23日学位取得　博士(環境科学)(北海道大学)
　第2章執筆

長坂　晶子(ながさか　あきこ)
　北海道大学大学院農学研究科博士課程中退
　北海道立総合研究機構森林研究本部林業試験場
　　森林環境部機能グループ研究主幹　農学博士(北海道大学)
　第1章・第5章・第6章・用語解説執筆

長坂　　有(ながさか　ゆう)
　北海道大学大学院農学研究科修士課程修了
　北海道立総合研究機構森林研究本部林業試験場森林環境部機能グループ主査
　第5章執筆

三島　啓雄(みしま　よしお)
　　北海道大学大学院農学研究科博士課程中退
　　国立環境研究所准特別研究員
　　第4章第1節・第6章・用語解説執筆

門谷　　茂(もんたに　しげる)
　　北海道大学大学院水産学研究科博士課程修了
　　北海道大学大学院水産科学研究院・環境科学院教授　水産学博士(北海道大学)
　　第2章執筆・第6章・用語解説執筆

長坂晶子（ながさか あきこ）

1995 年　北海道大学大学院農学研究科博士課程中退
現　在　北海道立総合研究機構森林研究本部林業試験場
　　　　森林環境部機能グループ研究主幹　農学博士（北海道大学）
主な著書・論文
サケが森を豊かにする（分担執筆，北海道の森林，北海道新聞社），
河川・沿岸域への森林有機物の供給過程（河内香織・柳井清治と共著，
森川海のつながりと河口・沿岸域の生物生産，恒星社厚生閣），河畔
林と生き物たちの関わり—森と海の物質循環・川は命の回廊（季刊
河川レビュー，新公論社），サケマスのホッチャレが川とその周辺生
態系で果たしている役割（伊藤富子・中島美由紀・長坂有と共著，魚
類環境生態学入門，東海大学出版会）など

風蓮湖流域の再生
川がつなぐ里・海・人

2017 年 3 月 31 日　第 1 刷発行

編著者　　長　坂　晶　子

発行者　　櫻　井　義　秀

発行所　北海道大学出版会
札幌市北区北 9 条西 8 丁目 北海道大学構内（〒060-0809）
Tel. 011（747）2308・Fax. 011（736）8605・http://www.hup.gr.jp

㈱アイワード　　　　　　　　　　　　　　　　ⓒ 2017　長坂晶子

ISBN978-4-8329-8227-7

湿 地 の 博 物 誌	高田雅之責任編集 辻井達一 岡田　操　著 高田雅之	A 5・352頁 価格3400円
湿 地 の 科 学 と 暮 ら し ―北のウェットランド大全―	矢部和夫 山田浩之監修 牛山克巳	A 5・384頁 価格3400円
土 の 自 然 史 ―食料・生命・環境―	佐久間敏雄 梅田安治　編著	A 5・256頁 価格3000円
稚 魚 の 自 然 史 ―千変万化の魚類学―	千田哲資 南　卓志編著 木下　泉	A 5・318頁 価格3000円
雑 草 の 自 然 史 ―たくましさの生態学―	山口裕文編著	A 5・248頁 価格3000円
帰 化 植 物 の 自 然 史 ―侵略と攪乱の生態学―	森田竜義編著	A 5・304頁 価格3000円
攪 乱 と 遷 移 の 自 然 史 ―「空き地」の植物生態学―	重定南奈子 露崎　史朗　編著	A 5・270頁 価格3000円
植 物 地 理 の 自 然 史 ―進化のダイナミクスにアプローチする―	植田邦彦編著	A 5・216頁 価格2600円
植 物 の 自 然 史 ―多様性の進化学―	岡田　博 植田邦彦編著 角野康郎	A 5・280頁 価格3000円
高 山 植 物 の 自 然 史 ―お花畑の生態学―	工藤　岳編著	A 5・238頁 価格3000円
花 の 自 然 史 ―美しさの進化学―	大原　雅編著	A 5・278頁 価格3000円
森 の 自 然 史 ―複雑系の生態学―	菊沢喜八郎 甲山　隆司　編	A 5・250頁 価格3000円
森林のはたらきを評価する ―市民による森づくりに向けて―	中村太士 柿澤宏昭　編著	A 4・172頁 価格4000円
日 本 産 花 粉 図 鑑 ［増補・第 2 版］	藤木　利之 三好　教夫著 木村　裕子	B 5・1016頁 価格18000円
植 物 生 活 史 図 鑑 Ⅰ 春の植物 No.1	河野昭一監修	A 4・122頁 価格3000円
植 物 生 活 史 図 鑑 Ⅱ 春の植物 No.2	河野昭一監修	A 4・120頁 価格3000円
植 物 生 活 史 図 鑑 Ⅲ 夏の植物 No.1	河野昭一監修	A 4・124頁 価格3000円

北海道大学出版会

価格は税別